BACK TO THE SQUARE ONE:
DESIGN FOR SITTING

回归原点：
为坐而设计

江黎 编著

北京出版集团公司
北京美术摄影出版社

图书在版编目（CIP）数据

回归原点 ：为坐而设计 / 江黎编著. — 北京 ：北京美术摄影出版社，2016. 3
ISBN 978-7-80501-892-8

Ⅰ. ①回… Ⅱ. ①江… Ⅲ. ①椅—设计 Ⅳ. ①TS665. 4

中国版本图书馆CIP数据核字（2016）第001417号

回归原点：为坐而设计

HUIGUI YUANDIAN : WEI ZUO ER SHEJI

江黎　编著

出　版　北京出版集团公司
　　　　北京美术摄影出版社
地　址　北京北三环中路6号
邮　编　100120
网　址　www.bph.com.cn
总发行　北京出版集团公司
发　行　京版北美（北京）文化艺术传媒有限公司
经　销　全国新华书店
印　刷　北京方嘉彩色印刷有限责任公司
版　次　2016年3月第1版第1次印刷
开　本　889毫米 x 1194毫米　1/16
印　张　13
字　数　198 千字
书　号　ISBN　978-7-80501-892-8
定　价　128.00 元
质量监督电话　010 - 58572393
责任编辑电话　010 - 58572703

序

石振宇

如果我没有记错的话，“为坐而设计”至今已经走过了13个年头，今年该是第7届了，也应该回顾总结一下出本书了。

这13年中，中央美术学院设计学院第9工作室的江黎教授带领着“为坐而设计”团队，通过艰苦的奋斗，将“为坐而设计”这个活动一次次地延续了下来。不仅参赛作品越来越国际化，评委的队伍也越来越壮大。国内的柳冠中、谭平、王敏，日本的喜多俊之、黑川雅之，德国的克拉尼、阿布斯等都曾是“为坐而设计”的评委。

现在“为坐而设计”走出美院、走出北京，在全国办了多次展览和推广活动。它现在作为中央美术学院的一张名片，已形成了一个品牌、一个在社会上有一定影响力的设计活动，真的很不容易。

“为坐而设计”它的名字起的很好，它没有叫家具设计，也没有叫椅子设计。因为家具也好椅子也好，它们都是“物”，都是早已存在的“物”，再设计也只是针对“物”的一个设计，最多也就是无尽地改变那个“物”的形态而已——椅子还是椅子，躺椅还是躺椅，凳子还是凳子。

“为坐而设计”并没有命题是设计什么“物”，而是为了“坐”而设计，它的对象不再是“物”而是“坐”。“坐”是一个行为，谁的行为？人。于是它回到了设计的本源。

人类所设计、创造的一切物品都是为人来用的，都是为了改善人类生活的，是为使人类活得更健康、朴素、幸福、合理。这是设计的目的，也是设计师的责任！

但这个目的在当下的社会上已基本被设计师忘掉了。大多数的设计目的就是商业，是把工业设计（当然工业设计本身也是一种手段）当作一种新手段去完成获得更大的商业利润的活动，这导致设计变成了商业的附属品——不是说设计不能和商业相结合，是说它不能以商业为主要目的，这就跟人有两只眼，但有两只眼的并不见得就是人是一样的道理！

以商业为目的的设计使我们现今的生活中充满了大量的无用设计、多余设计、过度设计和腐败设计！它刺激着人们的购买欲和占有欲，使人生活在一个过度享受的环境中。

以商业为目的的设计会使设计师对设计失去兴趣、轻视人文、嘲笑理想、失去创作的乐趣。

设计师是站在产品进入社会关卡上的卫士，他不能受贿，他必须正义，不让任何有害人类健康生活的产品流入社会，这是现代设计师的责任，责无旁贷！

“为坐而设计”不是一个以商业为目的的设计活动，也没有任何商业目的，它只是设定了一个主题，为年轻设计师和学生提供了一个发现自己、展示自己的平台，为当今的设计环境中注入一股活力与梦想，以坚守设计师的社会责任。

有人可能会说这些“创意”缺乏产品化的可能性。我觉得对于一个设计活动不应该这样去评价它，一个主题性的设计活动只要能阐明它的主张并能影响、激发和启示参观者的想象，它的任务也就完成了，产品化可能是这之后的事。如果非要把产品化作为评价的标准，那可能只有去逛商场了……

多给设计师一些空间，还设计一个理想，让设计鲜活起来，让我们为创造一个健康、朴素、充满愉快的生活环境而携手。希望大家喜欢这本书。

序是江黎老师委托我写的，我本来想写得和风细雨温情脉脉，也煽煽情，不要写成檄文，但我怎么努力都不行，因为我这个人就是一篇檄文……

2016年1月1日

1 导言

江黎

设计师的工作无非是针对人在日常生活中的某种需求，想出针对性的解决方案，通过制作环节将方案实现，再去给需要的人享用。如此成就了人们生活中种种的物质世界，它们是演进、是美好、是简洁、是秩序、是多彩、是丰富……每个人都有其不同的理解和期许。设计师也许为此而诞生，他的职业责任、工作热情、文化素养、艺术情怀都凝聚在他设计的作品里，这些作品传递到他人生活中，表达的是设计师对他人需求的用心和关怀，是与他人交互体验和心灵沟通的桥梁。

设计师要如何开始工作，他需要从哪里开始关注他人或自身需求，这是原创设计的起始点。那么，关注人的行为则是回归原点去发现和思考设计的一种方法。为了人的坐这一行为会产生怎样的设计原创结果？这是“为坐而设计”国际性大奖赛能延续十几年的初衷。

坐

“坐”是动词，“古人席地而坐，双膝跪地，把臀部靠在脚后跟上”（辞海），这是其本义，后泛指以臀部着物而止息。中国的象形文字中“坐”是两“人” 跪坐在“土”上，它形象地表达了当时人们“席地而坐”的生活形态，所以“席”“床”“榻”便是供“坐”这个行为的器具，“椅子”是东汉以后在中国出现的，并流传至今，通为坐具。

“坐”的行为是人与生俱来的，在人生下来几个月之后从躺卧到翻身起坐，用臀部支撑上身竖立坐起，于是每日就离不开坐的行为了。这是人的本能所拥有的基本行为体态，拥有这种坐态的还有其他动物，如：猴子、猫、熊等。

人在站立和行走时是靠腿脚支撑身体，躺下和睡卧时是全身平放在平板上，除此之外的支撑身体重力的状态都可以视为一种坐态：倚、跪、坐、靠……都是人除了站立、行走、躺卧外，靠一个支点支撑身体。设想如果人想停歇下来，会找一个倚靠点或面，给身体的某个部位着力，来支撑身体的重量，从而减缓腿足的压力，得到暂时的休息，这个支撑点应该是个物体……这个“物体”叫什么，如“椅子”“凳子”“坐墩”“马扎”“长凳”“席”“榻”“座”……

做

“做”同样是动词，做工、做东西、做事情……即表示人的造物行为。造物行为是人通过对某种物质材料，用手或某种工具有意识地对其进行加工制造，即为造物的过程。

因时代不同，科技发展和个人掌握的技术手段不同，人的造物方式和造物行为也有差异。因此，针对不同的物材（天然材料、人工材料），施以相应的加工技术，做什么样的东西，都是人在做的过程中，按照人的意图施以制造技术和加工手段去实现的。

座

“座”是名词，此字晚于“坐”字的出现，表示的是供人坐的地方，座位、座席、座榻，椅子、板凳、墩等坐具，都可以理解为名词“座”的范围。人类历史中对于“座”赋予了很多含义，它包含了人的等级差异和尊卑长幼之分。“宝座”“龙椅”则是族群中最高首领的坐具，其他人是不能坐的。

椅子起源于西方，有考古文献证明距今7000多年前它就出现在墓葬祭物中了（参考本书登载的拙文《关于椅子的话题》），它是阶级社会划分身份等级的象征物。在人类社会早期，即使在西方，椅子也一直是王者、贵族、身份显赫人的专享之物，身份低微的下人奴仆都只能在地上跪坐着。因此，椅子等坐具的样式是标榜社会地位、文化身份的象征之物。进入到现代民主社会以来，人们一直

第6届展厅

在消除阶级社会中等级差异，在“座”的样式上也体现社会的平等化趋势，也为“座”的多样化设计带来极大的发展空间。因此，从“座”或“椅子”形态的演变中，我们可以看到人类文化史发展的痕迹，它也是人类文明进程中的必然产物。

为坐而设计

“为坐而设计”大奖赛起始于中央美术学院，是有关家具的国际性专题设计比赛。从2002年至今已在中国本土延续了十几年，聚集了几千名国内外设计学人和设计师，对这个赛事的参与，无不渗透了他们对“坐”这一行为的思考，用设计的语言发出上千种奇思妙想方案，并付诸实践，可谓是从“坐”引发了“做”的设计行动，产生了无数具有创意的“座”的设计作品。

本书围绕着从2002年到2015年，第1至第6届“为坐而设计”作品展中，具有创意性的设计作品进行编著。希望透过十几年标榜着原创设计的国际化赛事，看到中国十几年原创设计的轨迹：它既有从20世纪90年代末对设计认识的懵懂，到21世纪唤起对设计的觉醒、认知普及，到设计力量的壮大、爆发；又有2009到年国际舞台上的传播，到现阶段对设计文化深层次的关注……由此真正进入到设计与社会发展良性循环互为相长的阶段。

“为坐而设计”为隔年举办，从2007年第3届起，每届都设一个有针对性的主题：“绿色设计”“户外公共坐具”“坐与其他行为”“坐与长者”，提出了对设计未来发展趋势、设计对人与场域关系的思考、行为组合的体验式设计、人文关照和挖掘前人造物智慧的具有设计观念性提升的设计实践。意在通过设计赛事引发对当下设计教育和设计实践的发展方向做学术性探讨。

本书分三篇：第一篇选择几篇学术性论文和重要论坛的纪实，希望读者从设计理论和各家学术观点中获得对设计原创性的认识；第二篇收录了200件左右的设计作品，供读者直观了解每一件作品的设计意图和样貌，配以专业的论述和点评，更深入具体了解设计者的创意精髓；第三篇作为几届赛事所涉及的活动基本资料，便于读者查阅历届大赛的具体信息。

一、论坛篇

收录了两篇论文：梁明教授的《似坐非坐的生活》，是对人在常态生活中对坐的需求的论述，本人的《关于椅子的话题》是有关椅子历史和文化方面的论述。两篇论坛：一篇《产业发展需要原创吗？》是2007年接受中华文化画报的组稿，以论坛形式谈产业发展中原创设计的重要性，聘请了当时两个家具企业总裁和国内著名设计师、台湾设计艺术评论家；另一篇《适度设计｜论坛》是2014年在广州正佳广场举办“为坐而设计”巡展时举办的现场论坛，邀请的论坛嘉宾大多是中国近年成长起来的知名设计师，从各自设计实践的角度对“适度”设计观点的专题讨论。

二、实践篇

以每届大赛提出的专题设计方向为基础分4个栏目，用大量作品来对该专题设计进行表述。作品来源以6届大赛中的参赛作品和邀请国际知名设计师作品为核心，还收取了1997年底在中央美术学院中转校区“通道画廊”举办的“椅子设计展”，以及2010年上海世博会为伦敦零碳馆的低碳家具项目中的部分设计作品，予以充实实践篇4个不同栏目的内容。

三、回顾篇

设4个部分，将跨越14年、第1至第6届大赛的主要活动事项、历届大赛获奖作品信息、国际评审团专家和国际知名设计师作品邀请名录做一个回顾性的登载，便于读者查询历届大赛的具体信息和资料。

2015年12月19日

P1

P2

P3

P1 第3届展厅

P2 60把椅子展厅

P3 第6届展厅

目录

序

导言

1 论坛篇

2 关于椅子的话题

6 适度设计｜论坛

14 似坐非坐的生活

18 产业发展需要原创吗？｜论坛

29 实践篇

30 低碳设计

68 公共空间

108 坐与……

146 先辈智慧

187 回顾篇

188 “为坐而设计”大事记

196 历届“为坐而设计”大奖赛作品图录

204 “为坐而设计”国际评审名录

209 国际知名设计师邀请名录

218 后记

论坛篇

2 关于椅子的话题　6 适度设计｜论坛　14 似坐非坐的生活　18 产业发展需要原创吗？｜论坛

关于椅子的话题

江黎

椅子，对每个人来讲，是生活中离不开的用具。我们常说人的三分之一生命是在床上度过的。那么，对很多人来说在椅子上度过的时间恐怕不止三分之一，也许是二分之一，还或许更多。不能想象当人们在工作、学习、进餐、休息、等待、旅途中，如果没有一把可以倚靠的座椅，这个世界会是什么样？人们会对这样的世界发出怎样的抱怨？

那么，人是从何时产生了坐的姿态，何时产生了用于坐的器具，它起源于何时何地？这样的问题常常会把我们引入对远古时期人类生活情景的追溯：狩猎采集的生活方式基本在野外活动、坐卧起居都在地面上进行，在那蛮荒的初期生存环境中，也许一片树叶、一根木桩、一块石头……一切自然物质都有可能成为他们的坐具。人这种生物形态：可直立行走，躯干与腿部的生理结构可自然地形成以臀部支撑身体的状态，即坐的姿态，当然我们在观察猿类行为的时候，同样发现它们也具有这样的特征，但是不同的是人会为自己制造“坐”所需要的像椅子之类的用具。

通常人们把椅子的发源地锁定在古埃及，并从现存的大量史料中得以证实，但这仅仅说明这个时期椅子形态被古埃及人制造或得以完善（P1），并以其作为象征王权和政治特权的特殊用品、以一种艺术的形式保留至今。但这并不能证实人类“坐”的需要是从那时才开始的。十多年前在前南斯拉夫境内考古工作者挖掘出土了一种被命名为“芬卡陶人像”的偶像（如P2），它是公元前4000年左右欧洲新石器时代的墓葬品，这个距今6000多年前的小陶偶像，居然是坐在椅子上的！还有，在保加利亚出土的“祭祀的一幕”（如P3），场景化地表现了距今7000年以前的人们用以祭奠死者的生活道具：其中有完整的椅子、桌子、盆碗等器物造型，从图片上看椅子的形态与现在的大致相同，这说明人类使用椅子的历史不止7000年，也未必起源于古代埃及文明。

任何被记录在文化和历史之中的东西，都带有局部人群及地域的特性，而这种特性是一种社会形态和生活方式的写照。所谓“生活文化”便是把人类生活方式的演化，作为研究人类社会、政治、历史、宗教、艺术，科学技术发展的一门学问。古有“席地而坐”“垂足而坐”两种不同的生活方式。从字面上看，代表两种不同的坐姿，这两种坐姿哪个在先、哪个在后，不得而知。但是我们从人的身体结构——肢体与躯干的活动规律上分析，席地而坐介于卧与坐之间；垂足而坐则介于站与坐之间。两种坐姿在人类社会的进化过程中很可能是齐头并进。从人所处的横卧到直立的过程中，人体必须经过从卧到坐起，而后才能站立，“席地”是卧起时的坐的状态。如果在直立的状态下，让臀部作为身体的支撑点，依靠某物便形成“垂足”坐的姿势。但是，从人类文化发展史的角度看：这两种不同的“坐”逐渐演化为两种不同历史时期的东、西方生活文化的特征。

在西方文化史中，“垂足而坐”一直是其社会、生活文化发展的主要形态特征之一。“垂足而坐”决定了人们的日常生活用具都是以高型家具为基础，很多器具的尺度和样式都要符合垂足而坐的功能需求。那么，椅子作为支撑这一生活方式的最主要用具，一直是伴随着西方文明的发展在不断地演变着它的式样，也同时扮演着承载西方文化与艺术发展的重要角色。我们从古埃及、古希腊、古罗马、中世纪、文艺复兴时期……各历史时期的文化史中都能够发现与之艺术形态相对应的椅子样式的变化；即使在近、现代西方各种艺术流派中，我们仍然能够找出“椅子”与之相符的表现形式，如未来主义、风格派（P4）、新艺术风格、现代主义、后现代主义等等。椅子的样式不仅反映一个时代文化特征、艺术风格，同时也能反映一个时代的科学技术的发展水平。20世纪20年代出现的钢管椅子（P5），反映的是近代钢铁工业技术的发展；在随后的50、60年代出现的塑料

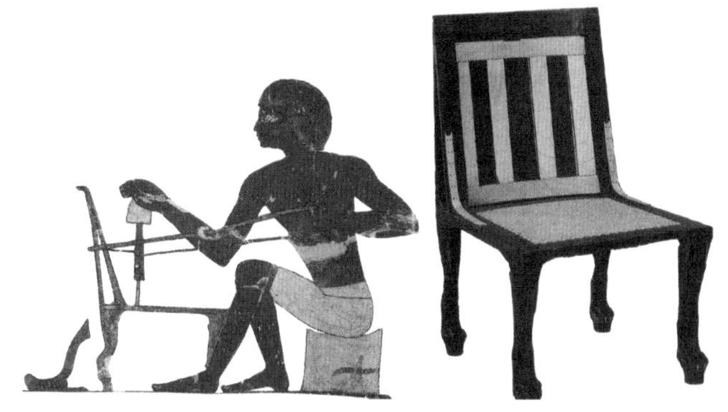
P1

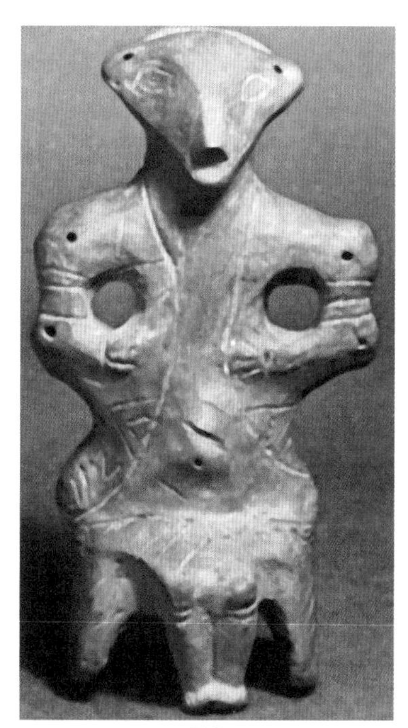
P2

P3

家具，同样也是那个时期化学工业技术发展的产物……对此，我们不得不承认椅子代表的是西方的文化。用英国设计史学家保罗·克拉克的话说："如果要用图表来表述设计的历史，这本书应该全部献给椅子。"

那么，在东方古文明的初期，应该说一直是循着"席地而坐"的起居方式发展起来的。因此，"席地而坐"也成为古老东方文化形态的主要特征之一，直到今天一些东方国家，如日本、韩国、泰国等亚洲国家仍然保持着这一习俗和礼仪。例如，在今天的日本，双腿跪坐仍然是人们在许多正式场合下被规定了的一种坐姿，称之为"正坐"；佛教发展到今天，僧人佛徒在圣像前诵经念佛、打坐禅定时依然跪坐或盘坐着。在中国汉代以前，我们的祖先也是以"席地而坐"的方式生活的，其坐具的形态表现为"席""茵席""床""榻"……即稍高于地面的低矮床榻或直接铺设在地上的席子或坐垫。"人君处匡床之上，而天下治"，指的是在"匡床"这一坐具上治理国家（P6）。从东汉以后随着西域通道的开通，东、西方政治经济及文化贸易的频繁来往，"胡椅"这种外来的家具被最先引入中原，最初是作为给皇帝出行时随身携带的一种座具。到了隋唐以后，西方的高型家具陆续在权贵阶层中开始流行，逐渐取代了以前的低矮型家具，成为当时社会文化生活的主流。到了宋代，高型家具的生活形态基本形成，从此中国人就基本脱离了"席地而坐"的生活方式，转而改为"垂足而坐"的生活习惯和礼仪。此后经过了元、明、清几朝家具形态的演变，在中国传统家具样式中，形成了明式、清式享誉世界的中式经典家具风格（P7），成为我国物质文化遗产中的瑰宝。

历史和文化给了今人许多的借鉴和榜样，今天的社会形态与人们的意识已经跨越历史、跨越社会阶层、跨越国界和区域文化的差异，出现了多元化交叉的形势与局面。这也是最近一百年以来世界文化发展的最大特征之一，即自由平等的民主化社会形态；政治、文化之间的国际化交往；信息流通的全球化所形成的趋势。“坐”所体现的文化特性，也必然与整个社会意识形态的进步同步发展。现代人对生活的追求是个性化、科学性、高质量，以坐具形态来划分社会政治阶层的象征作用已弱化，而功能性、个性化的表现愈加突出。诸如“宝座”“龙椅”“太师椅”，在19世纪末以前一定意义上是统治阶级地位和划分阶层的一个代名词。这在现代社会中已名存实亡，已成为人类历史中的一段故事。

社会文明进入工业化时代，尤其是20世纪以后，在重视功能的现代主义设计理念中，椅子的形态更多的是科学技术和生产力发展的体现，一定程度上代表了社会文明进步的意义。它更加注重日常生活物质的大众化需要，其功能性、实用性的比例上升，形态的象征性减弱。但是20世纪80年代以来，随着后工业文化的形成，后期现代主义的社会思潮对现代主义、功能主义的冲击，使设计文化的发展和演变发生了变革，椅子的形态及它所包含的社会意义及其美学价值也发生了改变，人们注重的是它的人性与物质需求的多重性和个性化体现。

那么，在当今的社会背景下，人们对于“坐”会有怎样的需求？其设计特点又表现在哪里？在这一点上，我们或许应先撇开传统文化性的局限，着眼于现代人所生活的环境中对于坐的功能、心理以及审美的需求，重新界定它的内涵和作用。在20世纪70年代前后挪威的设计师，设计了既能坐、同时又能用膝盖跪的“伯朗斯椅”（即平衡椅）（**P8**）。把坐和跪结合起来,使臀部和双膝，三个垂直受力点平均地分布在一张“椅子”上，将“席地跪坐”和“垂足而坐”的坐姿集于一身，把传统椅子的形态改变了，传统的坐姿改变了，椅子的观念也改变了。

在中国进入到21世纪以后，在家具行业中掀起一股强劲的创意设计风潮，每年都有几次全国性的有关家具和椅子设计的大奖赛和专题展览。旨在改变改革开放以来，在国际商品贸易中，一直是只有“中国制造”而没有“中国设计”的公众面孔，而采取展览和设计赛事的方式可以广泛挖掘中国设计人才，提高我国的设计教育水平，同时也向世界展现中国当代设计的面貌。在我国诸多设计赛事中，最具学术影响力的要数中央美术学院主办的“为坐而设计”大奖赛的作品展。在这几年创意设计赛事的推动下，涌现出许多优秀的、有趣的、富有创造力的设计作品，证实了我们新生的设计力量，在不久的将来实现“中国设计”是大有潜力的。

发表于《百科知识》2006年第21期

P1　古埃及人制造的椅子主要供达官显贵们使用。

P2“芬卡陶人像”出土在前南斯拉夫境内，为公元前4000年新石器时代。

P3“祭祀的一幕”出土在保加利亚境内，由许多小人偶及各类家具组成，为公元前5000年后期。

P4《红-蓝扶手椅》1923年盖里・里特威尔德作品，具有荷兰风格派的形式特点 。

P5《瓦西里椅》马赛尔・布鲁尔作品，他是最早使用钢管型材的家具设计师。

P6　汉画像砖《王将军、使者尹》“人君处匡床之上，而天下治”。

P7　明黄花梨透雕靠背圈椅，王世襄藏。

P8“平衡椅”从健康的角度对人的坐姿体态起到了引导性的设计。并且把“垂足而坐”和“席地跪坐”的坐姿集于一身。

P4

P5

P6

P7

P8

学术主持

石振宇 著名设计师
清华美术学院工业设计系副教授
中国工业设计协会理事

P1

《适度设计 | 论坛》嘉宾合影。前排左起：谢萌、朱小杰、江黎、石振宇、张剑、袁媛。后排左起：侯正光、李永玲、王川、石川、张雷、冯峰。

中国人常说：过犹不及。十几年前，“为坐而设计”最早提出原创设计实物比赛的时候，大多数人还纠结于“中国制造”的困境。很快，在原创大旗的带动下，设计面貌发生了巨变。各种观念形式在强大的制造业推动下，表面覆盖了设计匮乏的局面。可是，当我们直观这种多样化造成的设计繁荣假象的时候，我们很难为中国设计当下的面貌鼓掌。适度设计，在今天被提起。“适度”是中国文明擅长的观念，但适度设计并不是要秉行“中庸之道”，设计成品的多与少也不决定是否适度。对设计而言，其本质是社会服务，这里有功能服务，也有观念推进，适度设计就是本着这一点，才能不偏离初心。品牌无谓地跟从市场的创造，设计师虚伪地跟从造型或观念的喧哗，都是偏离适度设计的行为。

中国设计的今天，面临的依然是设计服务功能的挑战和环境问题的困扰，设计可以适度解决其中的一部分问题。设计不是万能胶，国人的审美意识、国家的政策法规、时代的观念限制，都可能让过度设计变成跳梁小丑。从业者在感叹各种困境之余，更应该思考的是当下何为“适度”？最高级的设计服务对诉求对象的生活方式的提升应该是“无痕”的，设计师不是艺术家，设计师可以拥有艺术家的审美才能和观念深度，做到“适度”因此并不容易，且，任重道远。

“为坐而设计”今天借助商业的平台，来发起“适度设计”的论坛。论坛在这里提出，并不会在这里结束，希望通过提出适度设计的观念，引发业界思考。“量体裁衣”对设计本来不是难事，今天部分设计因为各种冠冕堂皇的理由变得浮华炫彩，这是“为坐而设计”不提倡的设计观念，希望“适度”首先从自己做起，从“为坐而设计”的赛事和展览做起！

石振宇　今天的论坛提出个论点：适度设计。适度设计对应的是什么？是过度设计。过度设计对应的是什么？是腐败设计。如何是适度设计？适度设计到底是什么？今天我觉得“适度设计”这个话题比较有意思，而且江黎老师提出与商业结合也是我们探讨的一个模式。如果我们自己的观点和消费者的观念靠近，就可能更适合商品化，那么如何靠近？这的确是我们应该讨论的问题。

童慧明 广州美术学院设计学院院长　今天讨论的主题我觉得带有这样的含义：今后路该怎么走？这是这个平台需要考虑的问题。我觉得有两个题目，一个叫“为坐而设计”；还有一个题目，叫“为坐而艺术”。我的理解，“为坐而设计”应该更多考虑形象，可以商业；“为坐而艺术”却可以完全不考虑商业。三件或选一件拍卖，做艺术品，它一定有生存空间。甚至这个平台是不是可以交换主题，今年做“设计”，明年做“艺术”？这样，在导向问题上，对中国的设计创造者产生一个年度的引导和思考。但个人感觉很多作品的完成度，从功能到工艺等，不管是从家具本身，还是说从艺术、生产、制作的角度，优秀的作品非常少。在这样的情况下，行业内要做这样的考虑：我们是不是对观念的关注度太高了？而对于需求、如何用一种更好的方式，在设计行业里，强调体验，获得各种生理的、心理的、美学的体验。我们更多的顾及到的是那张“脸”、那个外表、那个所谓的文化，而对本质不够关注。我们换个角度，从设计历史的角度，我们会发现20世纪的关于家具设计的历史中，有很多是可以成为时代印记的。

石振宇　童老师提出了两个概念，谈到设计谈到艺术，我们把艺术和设计的范围定得太死了，其实任何的行业，都包含了设计。设计的目的是提高大众生活质量、引导大众审美，就像服装设计，T台上的服装我们不可能穿，但它说出了未来服装趋势的走向，它引领了整个设计。论坛终于从殿堂来到商场里面了，也是一种革命。

王川 中央美术学院设计学院副院长　我的职业是做摄影，我的研究是做当代的摄影研究。我们已经来到了这样的一个时代：又一轮的技术、科技在改变我们以往所有的经验，在改变我们已经习惯的行业、领域、专业和概念。以往的专业、领域的边界要么是在被重写，要么是在互相地交融，这个过程可能还要持续下去。这个过程变化的节奏，在未来可能比以往任何时间都要快。比如说时装领域主要探讨的话题都是品牌构建，而在品牌构建这个话题内，大家忽然发现在这个领域内已经不是简单地通过图形、字体、颜色、LOGO来单项地给予品牌的形象，而是更多地由图像领域的图像策略而引发的叙事性的东西。在这种新技术的陷阱变得越来越漂亮、体验越来越超前的情况下，强调个体有没有能力保持一个对任何新的技术、新的媒介的一种主导性的姿态。应该是设计的关键。

结合到今天的主题，我觉得一方面我们可能会去挖掘设计师如何能够自律，如何能够通过这样、那样的方法而作出适度的、而不是过度的设计；但是我觉得还有另外一方面，可能它要来自于外部，就是说我们已经处在了这样一个时代，这样的时代变革还丝毫没有停下来的迹象，那么在这种情况下，我们有必要经常性地通过了解我们所处的大的行业、大的社会形态、大的潮流，来知道我们正在从事的设计和以往有什么不同。那么一个设计的是否适度，可能很大程度是来自于你与一个大的环境的衔接和与它的匹配，这个同样和你是不是把一个设计做得过度或者欠缺，我觉得是一个问题的两个方面，但是以往我们好像更容易感觉到来自于内部的一些问题。我见过太多品牌，由于不具备自身生长力，要么流于一般，要么和品牌一起消亡；“为坐而设计”的这个展览一直以来对于“原创”这件事情的坚持，使它自己获得了一种自我坚持的生长力，我觉得没有什么比这种生长力更重要了。

石振宇　“为坐而设计”第1届到第6届的做法都是在做品牌，因为品牌公司做的都是“牌”，而无“品”。“品”是什么？品味、品质，有了品味和品质自然就有了“牌”，所以单做“牌”是没用的。

谢萌 广州市正佳企业有限公司副董事长　这个社会发展速度太快、纷繁、喧闹，如果你不轻而易举和椅子相遇的话，你就没法沉淀下来，你就没法想象到一个好的生活状态。现在各个行业的界限非常模糊，简单说就是“跨界”这个事儿。那么商业也是这样，商业可以跟很多的行业、很多不同的艺术形态进行跨界。比如说：正佳从2007年就开始尝试如何和艺术跨界。我们做过张小川的装置艺术；我们也支持过“广东现代舞周”，把现代舞完全搬到正佳广场这个平台里来；我们还做过大型的涂鸦，现在大家见到正佳广场中庭的大型涂鸦，就是我们请了法国艺术家来创作的42米高的作品，现在正在申请吉尼斯世界纪录；我们和莫华伦和郎朗也做过商业的跨界，我们在商场里来开音乐会；也和日本设计大师黑川雅之进行过一些跨界的设计。所以现在界域没有像以前那样的清楚，边缘非常含糊。为什么进行“跨界”呢？我们有一个理念是：我们要挑战想象力。商业这件事与艺术有异曲同工之妙，就是挑战想象力。没有想象力很难作出一个好的艺术作品来；商业也同样，没有想象力，我们也很难作出一个好的商业作品。那怎么能够有想象力？就是通过不断的跨界、交流、碰撞。

商业可以很好地支持文化、艺术的发展，而反过来文化、艺术能给商业注入更多的想象空间，这就是一件挑战想象力的事情。我今天代表一个消费者，我不懂设计，但是我喜欢设计。Hi百货这个完全的商业空间，是石川设计的，实际上我们就是经过设计，把一个原来大家想象的传统商业空间中，融入了书店、咖啡厅、圆形小舞台、还有一个活生生的厨房陈列和很多设计类的产品的陈列，作出了一个“新的百货”的商业形态。这种跨界我们还原的是一种生活，所有好的设计和艺术的灵感一定来源于生活，所以我们还原生活当中的一个状态。让这个商业空间很舒服，像家里一样，这就是我们努力在营造的一种氛围。

石振宇　做设计最大的优点就是必须要有个性，在特别枯燥的环境下能够沉淀下来，能够坚持。我觉得我们的人生需要沉淀，就像我们的朱小杰老师和很多老师都是一辈子从事一个事儿，如果都是浮浮躁躁，我想再也不会有任何成就。

朱小杰 澳珀家具总裁兼总设计师　今天的话题“适度设计”，我听了这个主题就很兴奋，因为我们中国的设计太多了，太烦琐，如何做得适度，在我的概念当中就是如何简单。我的理解就是“简单设计”，简单设计一定要有“品质”。

其实中国不缺设计，而是缺品质，如何让我们的设计有品质，这是我们中国设计最关键的问题。你第一件看到这个东西很漂亮，但是你再关注，发现这个东西不好，因为它没有品质。所以我觉得适度设计也就是品质设计。这里我想到另外一个话题，我觉得现在的教育也过度了，如何做适度的教育？这也是我在思考的问题。刚好借这个机会，温州家具技术学院跟我们澳珀公司，合办了一个家具学院。我问校长能不能改革，如果能改革我们就一起来做，如果不能我也没办法教。我提出3年的大学只读两本书，读专业的书、学会动手，每年的深度不一样；再读老子的书，学会思考，我觉得最好的哲学就是老子、道家的哲学。非常简单，他说“道可道，非常道”，他把所有的东西一句话就概括了。经常有这种事情，有时候哲学家把一个观点讲到你不懂，最后你就一点兴趣都没有了。

石振宇　最美的东西一看很简单，细节很重要。我们都谈巴黎时装，我到老佛爷旗下，一件白的连衣裙竟然卖到3万多欧元，我仔细一看就是薄薄的小纱，但你再仔细看那个针脚、绳结的美妙是回味无穷的，穿出的绝不是张扬。我觉得这件衣服第一次穿出去就像旧衣服一样，穿旧了以后也跟原来的样子一样，永远保持一种常态。这是人心里能体会到的一种美。

张雷 品物流行创办人　我买了石老师200把椅子，有人问我办公椅哪种好，我就会指那把椅子，它的确很好用，而且你感觉不到太多的设计，各方面都觉得很舒服。那把椅子最好的就是一支笔掉到地上，你坐在椅子上就直接可以拿起来，这是石老师当时提出来的一个很棒的设计点。

大家看我微博全是垃圾分类的事儿，我们杭州每年花一个多亿做可降解的环保垃圾袋，一个月发给每家每户30个垃圾袋。我们小区的老太太拿那个垃圾袋之后，看它设计得很厚、质量特别好，觉得装垃圾太可惜了，就又去买便宜的垃圾袋，把这个垃圾袋装被子、被套，这就真叫“过度设计”。其实适度设计，我认为在中国提出来特别重要。前面朱老师说了，我们的教育过度、我们的设计过度。

我发现中国是全球设计论坛搞得最多的，搞设计论坛、我们谈设计谈得越多的时候，就证明我们其实没有真正的设计；伪造的、过度的设计太多，我们没有真正的设计。欧洲有一个文化：年轻人成年之后，一上班马上就从家里搬出来了，然后自己租一个房子，把房子收拾得很漂亮。这些没有设计背景的人，设计出远远超过我们专业设计师的东西，在巴黎就没有太多的必要谈“设计”了，设计已经融入到大家的生活里面了。当设计融入到生活方式，我们就不需要再谈设计，我们只需要在设计周的时候，把自己的设计展现出来，进入到商业，我觉得这是“适度设计”最终的一个很好的体现。

还有一点，我们以前做油纸伞的时候，一开始想得很简单，找个油纸伞厂的师傅，我和你合作半年，我付给你工资，你教我怎么做伞，然后我来研究。后来这师傅跟我讲：“我只会劈竹子，不会做伞。”我说：“你是做伞的师傅，你怎么不会呢？”，后来他说做一把像样的伞，至少需要5个师傅：劈竹子、打孔、编起来、糊伞和画画。我发现这是一种职业精神，一种“不跨界”的职业精神，大家只做自己专业的事情，我是劈竹子的我就不会糊伞。其实他会不会？他都会，他从小就看着人糊伞。我从他们身上学到一点，我思考自己做设计，如果我做设计，我应该把商业的东西交给杨青，然后把“为坐而设计”平台交给正佳，我自己不要这么懂商业。我不知道这跟适度设计有没有关系，也可能不一定对，但这是我的一点理解。

我们做设计的有时候考虑东西过多了，设计师是为生活服务的，设计其实源于生活，那么，设计的起点是生活，终点是生活，中间的环节全部可以忽略不计。我们杭州有个著名设计师：王澍，他把自己的title定为“业余设计师”，我在各个地方的title也是“业余摄影师”“业余策展人”，他的“业余”是他认为中国没有专业的建筑设计。这种情况，我认为设计应该把90%的时间放在如何“活着”上，用10%的时间去做设计，这是我的一点想法，我觉得挺符合“适度设计”这个题目。

石振宇　我感觉挣钱这个东西把人的良知、智慧全部泯灭了，就是钱把社会带坏了，如果在设计界再去提这个字的时候，把“钱”这个字作为先导的时候，那我们设计界就真的腐败了。因为人为钱会做很多的事情， 挣钱无可非议，我们的社会责任不能磨灭。“为坐而设计”一步一步走到今天，也并不是为了钱，但是我们会做很多活动衍生一些钱出来养着这些人，这就是一个过程。

江黎 中央美术学院教授、“为坐而设计”策展人　我想说的另外一个问题：设计到底给人的行为起什么作用？在什么环境下如何对行为做出设计？第一次来到正佳商场这个大环境里来，我想找个卫生间，就不能很直接快速找到一条路线的指示，感到很迷茫，在这里花很多时间转半天去找，这是导视系统的有效性出了问题，在中国的大型公共空间经常会发生这样的问题。追究起来它属于建筑类还是视觉传达类设计，也不好界定，可能应该是体验设计。我在欧洲即便不懂英文、德文、法文、意大利文、西班牙文等当地语言，但我可以按照导视系统的图形标志的引导，及时找到我要去的地方。导视系统是针对人的行动的设计，是很重要的设计门类，但在中国这个学科好像还没有得到重视。

石振宇　从这6届展览来说，我觉得做成一个事情主要有两个先决的条件，那就是热爱、执着。爱不是仅靠说说，爱是要付出牺牲的，他们付出了，才做出这个展览。

袁媛 独立设计师、曲美家具的设计总监　怎么理解适度设计，我觉得好的设计不是光看个人想表达什么，或者别人需要什么东西，这都不全面。设计其实是一种桥梁，是设计师和这个世界的联系，真正好的设计师在这个桥梁上通过作品去和世界沟通，既能打动别人也能打动自己。对我来说这就是适度设计的意义，我想这个点就是设计师一辈子都在找，或者每个作品都在找的一个点。这个点，也许会随时间变化，恰到好处地又能打动别人又能打动自己。每次找到这个点我都会很兴奋，然后下次再找。在此之中我能感观自己，通过作品的呈现来感观自己的当下状态，也知道自己思维上的一些变化，这是很有意思的，也是设计带给我的感动。

石振宇　现在的年轻人在搞设计前，先看看美国，再看看日本、韩国，唯独不看咱们自己，心中也唯独没有自己。这也是我们现在的设计不能解决任何问题的关键。设计的过程是需要找到一个合适的点，这个点离方方面面都不远，一旦生活的环境发生改变，这个点就在移动。这就是设计，如果这么去理解的话，你的心态、解决问题的方法和对设计的思考就会深入很多。

石川 著名的先锋设计师、策展人　2002年刚听到这个比赛的时候，很感兴趣，题目是很基本的从“人的行为举止”这样一个角度去命题，本身就是很纯粹的、永恒的、有价值的。通过这次展览让人知道，中国原创也有很多想法，不再是国外的一些所谓1000把椅子。实际上，从不同的作品中也了解到不同时代的背景。将每个人不同的角度，通过坐具的方式表达出来，也是社会发展的一个印记。

回到适度这一话题，我们可以看到有很多的设计师做夸张的设计，但正是因为有这样充满挑战的想象力和坐具的出现，不安分，不适度，在那个年代才是最“适度”的。因为大家都需要一些跳出方框的想法，引发更多人的关注，去认可它，支持它。我觉得这个很有意思。单从字面上理解，我觉得适度设计，更多是从一种价值观引导方向的一种东西。中国人在传统国学里，最常见的是一个“度”，解释是很丰富的，包含有“量”和“度”，可能是包含了很大一部分的文化精髓在里面。无论是在观念设计领域或者在商业的设计领域，所有的适度与不适度，都是有条件的、有相对性的。我们设计的过程，实际上是一连串复杂的、不断做决定的过程。有时候所作的一些决定，会决定你的设计是否有适合性。

很多时候所谓的“过度设计”，是相关资讯获得量的问题。在同等时间、同等条件、同样一个对象上，你是否获得足够的信息，是否考虑周到。但实际上，在设计的时候，会出现一个问题，就是大家都追寻速度。一些商业公司从学生的概念设计中，看到某种东西，觉得很适合设计，就马上想转换，变成一个新的、自己的一个东西，这明显是属于资讯缺乏的情况，过快做出象征性的反应。往往我们认为的过度设计，就是在这种情况下产生的。“适度设计”这样一种价值观引导，也是对我们从业人的一个警醒。在我们做一个设计的过程中，我们是否掌握足够的资讯量，然后做出应有的判断。

过程中采取的方法会决定你最后的结果。所以，对从业者来说，作为商业行为或者是观念行为，它都是跟不同方面合作的过程。所以，适度设计不是一个设计师或者一个单位独向延伸的行为，而是要与各个方面协同合作的行为。我们有很多与品牌合作的项目，也是要在观念上达到一个“适度”的共识，共同地认可一个目标，是需要通过适度沟通和协调达到一个有共识的结果。消费者也是通过适当的沟通和教育达到一种消费的适度。我觉得所有都是在相对的一个条件情况下才形成的。

石振宇　对于我们来说，“适度”只是一个定义。就像我们谈设计，工业是个定义，适度设计也是。对于设计，它来自于人类的智慧，我们不能简单地理解有好主意叫智慧、有好想法叫智慧。“智”是“急中生智”，其实“智”是第一个字，是心里一大堆的想法；“慧”是“意境生慧”，你静下来、安定下来，“慧”就出来了，“智”是加法，“慧”是减法。那么我们有一大堆的冲动必须在递进的环境中再把很多东西引回来，实际在这个时候就是适度消化的一个过程，也是你转型的一个过程。

冯峰 广州美术学院实验艺术系主任　我们谈适度设计的时候就有过度设计的一个假想，这里很显然把它设定为一个贬义一个褒义，一说到“适度设计”我们想起无印良品，但当我走进无印良品的店里，我感觉到一种乏味。所以无论是过度设计还是适度设计，在我看来没有好坏的差别。在设计史上我们看到的好的设计都是属于过度的设计，比如说，像菲利普·斯达克的很多设计，在我看来都是过度的设计，但也是很好的设计。适度设计也有非常优秀的作品，比如说最节制的设计，明式家具就是一种最节制的设计，但是为了这种节制的设计，也付出了昂贵的代价。其实设计作为职业的本身，也许它就是一个过度的。英国有一个设计师为残障人士和老年人设计过一套餐具，成本非常昂贵，很多使用者无法承受这昂贵的价格，设计师就又做出一个解决的方案，用面粉装进气球里面，把一个现成的餐具放进去，再用橡皮筋扎紧。实际上就是多了一个用面粉和气球做成的把手，抓握的时候，面粉很容易切合手的形状，它就变成一个很适合而又很廉价的一个设计。后来设计师把这套方法放到互联网上，有需要的人只要照着做就可以了。但带来了一个问题，就是设计师他做了这个设计之后，有可能预示着他会失业。过度设计也在于它的量，我了解到日本垃圾分类的情况，有一个老爷爷把家里烧烤后需要处理的一次性杯子烧掉，我意识到他们非常在意垃圾的量的控制。如果我们只是垃圾分类做到位，但垃圾的量在无限地增长，这依然是一个无法解决的问题。

我在杂志上看到石老师的访谈，他说设计在我看来是一种探讨生活的方式。我们不必把设计看成一种职业，设计是一种象征生活完美的乌托邦的方式。这句话对我本身和我对设计的想法产生很大的影响。在这个行业中，设计往往被赋予解决问题的头衔，但设计它究竟解决了什么问题，它解决的问题多还是带来的问题多？普遍认为通过设计和我们的智慧可以让生活变得更好，事实上生活的魅力在于它的不完美，设计到底是否称得上职业，应该值得思考。

石振宇　实践是个融汇交融的过程，我觉得这就是我们研究涉及的适度设计的一个内容，是吧？我到底到什么位置，我应不应该用我的设计去消磨别人，你要求别人必须按你的意思活着，你能为被你支配的人留一点儿空间吗，让人痛快地活着？

张剑 广州美术学院教授　谈到适度设计我首先要确定一个语境，我们在讨论这个适度设计的时候，是站在一个什么样的角度，或者是以一个什么样的角色来谈论这件事。比方说：我是一个设计师，我是一个企业的老板，或者是一个普通的消费的大众，或者说我们站在一个更高的位置，来看整个人类怎么折腾这个设计名义的活动。比方说，作为学生、作为设计师，他的梦想是成为一个大腕，或者说成为一个很伟大的设计师，那么这个时候，我们就发现许许多多的大腕设计师他们的设计好像没有一个适度的。如果说作为一个企业的老板，或者作为一个公司的设计总监，考虑更多的就是适度了。因为不适度的设计在某种程度上会给他带来很高的成本，我讲的这个适度里面包含两种意思，一个是刚才我们讨论的，比方说从宏观的角度上，比方说产生的浪费。还有一种适度，就是一种准确性。如果说作为一个企业的总监，那么他考虑更多的是准确性，这时他的适度显得更强一些，所以说我想要讲的就是：我们在评价或者讨论一个东西的时候，是没有对和错的，我们是站在不同立场来探讨这件事的。

关于适度，我个人的理解可能跟其他嘉宾不太一样，我讲的是设计手法的适度，把创意或者观点，很适度地在设计上表达出来，留有一些思考的余地。我非常赞同朱小杰老师说中国古代传统所表示的那种文人的特质，点到为止，它会留有更多的思考空间。最后一个，关于商业也好，还是很柏拉图的纯粹设计也好，都有一个语境。作为一个设计师，有可能在不同的语境当中，进行一些转换，但是我希望在座的年轻设计师以及我自己，不管你怎么转换，心里都要有一个坚守，就如同这个为“坐”而设计，12年来的坚守一样，有了坚守就有了希望，而且能得到非常热烈的掌声！

杨青 知名媒体人　适度设计的背后是适度生活，不仅是设计者的状态，也是使用者的状态。适度是一种平衡，自己处在一个最舒服的状态，就会有适度的设计。平衡在中国的当下最不容易，一方面由于社会的急躁，舒缓从容很难做到，整个社会是一个链条，我们也不能脱离环境独善其身；一方面是文化的盲目，要么是盲目崇外，要么是盲目复古，从欧陆风刮到新中式，好像总没有找到我们自己真实的存在。中国文化在这样一个大发展大繁荣的时

P3

代，应该发育和呈现出一些新的东西，和西方不一样，和以前也不一样，中国人应该有能力诠释自己的生活。

2014年6月6日于广州正佳广场

文字整理：李永玲

P2

P4

P2 "适度设计｜论坛"论坛现场

P3 广州正佳广场巡展（互动区）

P4 广州正佳广场巡展展场

似坐非坐的生活

梁明

设计师在观察人们坐态的行为的时候，有时只需要用很短的时间，有时则需要数小时地连续观察。观察人们坐的姿态以及如何解决座位与周围环境的关系是设计师的工作，经常是很偶然地发现深层的问题和需求，指导设计师如何设计出更好的坐具。人是坐具的生命之源，从广义上讲，其中包括文化、社会、各类行为等，人们不仅仅坐在椅子里，而且在到处移动，变换体位，以满足拿取东西的目的，坐着的方式成为人类的每日生活必不可少的部分。

人类的愿望和需要为设计椅子提供了很多的方向，比如利用人体工学生产的软垫座椅将舒适最大化；配合电控系统及最新的材料和工艺来提高座椅的档次；针对高端的奢侈品市场，有纯粹的椅子艺术品，主人不会让你坐在上面，这种完全艺术化的产品设计目标是为了那些富有的文化事业的赞助商，或是艺术品博物馆的收藏者。

本文是一篇关于坐态和椅子关系的论述，主要基于对私有或公共空间内椅子的潜心观察，发现座椅是要满足很多方面的要求，其性质的复杂程度通常超过了座椅本身的含义，这与这些座椅所放置地点与周边环境有关，同时也与使用者的社会关系有关。例如创新的公共座椅，可以为推动人与人之间的对话和互动起到抛砖引玉的作用，而不只是成为被疲惫之徒挤压的台面。

以下18张照片呈现了主导人们坐下的各种行为特征，其中包括使用轮椅的残疾人在运动项目中，为了最佳表现效果所采取的坐姿，如骑车，划桨等。

坐能使腿部肌肉放松，在我们“开放链”式的身体系统中，能使消耗的能量得以恢复，身体中的关节链在受到内外力作用时总是以适当的方式予以回应。在东非大峡谷的进化证据中表明：我们人类在狩猎或采集的求生过程中，使自己成为具有高动力机能的生命体；但是多关节开放链式的双足动物结构也有它的缺点，这就是经常需要恢复一下体力，其最好的办法是睡眠（P1）。那么，在现代工业文明的社会模式中，最好的办法就是坐下。坐下可以使我们开放式的身体变成闭合的形式，例如把胳膊放在扶手或靠背上，或跷起二郎腿，或把腿搭在脚蹬上，等等。

不是所有的坐姿都需要椅子，人们有时很乐于坐在地上或蹲着，这对于自从拜占庭时期就习惯于坐椅子和凳子的西方人来说是个很不舒服的姿势。对比之下，在类似瑜伽的冥想练习中身体已经成为能量系统，可以根据身体的姿态来调整体内的呼吸模式，在这里椅子只是简单的形式，没有椅子时人们坐姿的极端形式就是团缩成婴儿形态，这也是人类本能的自我保护，以抵抗外界的冲击（P2）。

等待和坐是紧密联系的，坐下来等待是一个节能系统，可以很好地平衡立即行动与完全放松之间的关系（P3）。在等待的时候虽然是被动状态，但我们的大脑是戒备状态，如果等待者不耐烦，那么这种坐态根本没有在休息，在坐着的时候改变坐姿是很快的，设计用于等待的坐具时，需要把这种心理因素考虑进去，坐在舒服的沙发里看喜欢的电视节目与等候火车是完全不同的，许多车站用的横杆就是仅仅满足坐等的目的。

当我们看到一个孩子在等待时，会想到他们在等什么？在等食品饮料？等别人的关注？别人的一个拥抱？或只是在“等”着长大，进入成年世界之前的漫长等待（P4）？

优秀的座椅会符合审美的要求，它看起来是一个漂亮的对象，并且与周围环境有所呼应。例如在香港机场的座椅可以被变形成为离港乘客的睡床（P5）。由Ron Arad设计的通常可以坐3~4人的沙发，也可以变成只能容纳1人的睡床。

从另外一张照片中（P6），我们可以看到一位旅游者是如何为

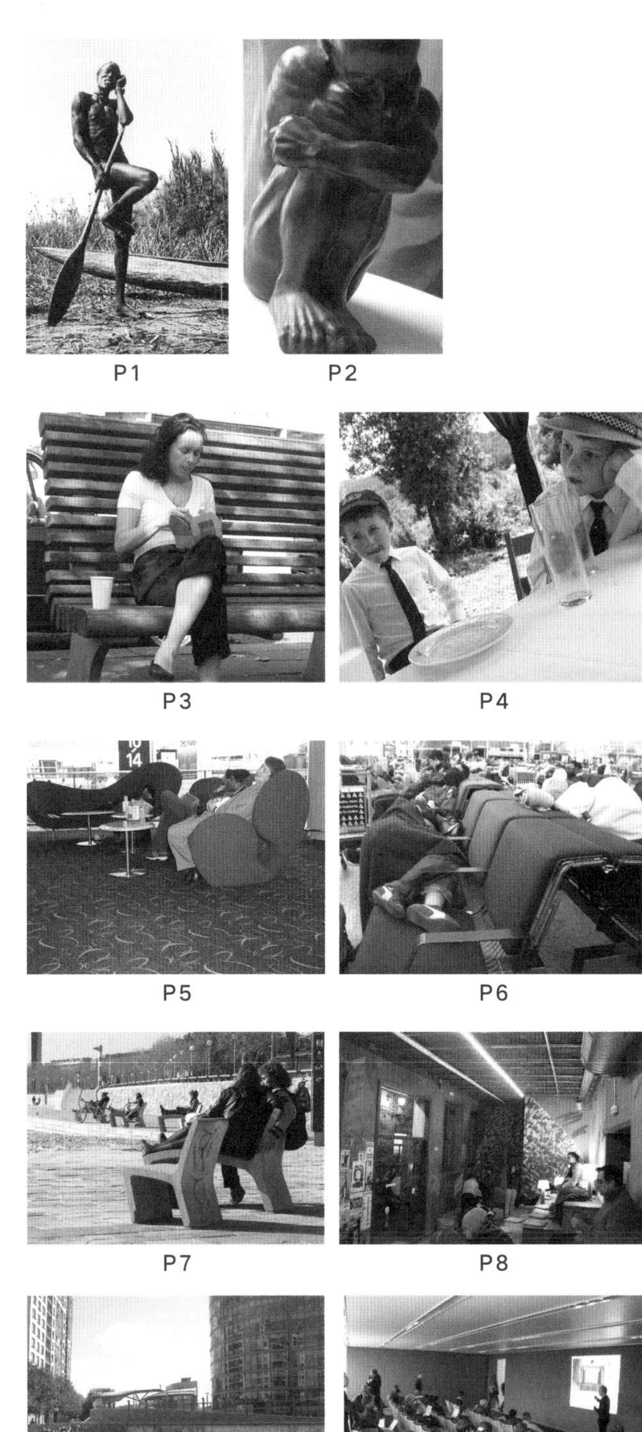
P1 P2 P3 P4 P5 P6 P7 P8 P9 P10

了睡觉而调整自己的身体，使身体扭曲绕过长凳中间的扶手。在恢复体能方面坐姿不如躺卧，完全的水平位置远比坐姿要好。在这种情况下，设计者面临的设计选择是防止人们睡觉而滥用座位呢，还是兼顾满足有睡觉需要人的要求。这两种不同的手段反映出设计者的意识形态及机场在乘客区的空间管理能力。

这张照片（P7）表明当两个相邻的座椅很近时，一对男女宁可挤在一个座位上，从生理角度来说两个人都肯定不舒服，但亲密的要求战胜了狭小空间的拥挤，这是个亲情超越人机工程学中对公共座椅所设定的正常人之间的距离的例子。

在巴塞罗那，一个新的概念餐厅由“足球”来命名，用“d”来代替football中的字母“t”，就餐方式是从餐厅的一个地方买了手掌大小的球形食物到餐厅旁边房间去吃，宽敞的空间有台阶分层落座，如体育场观赛台一样。这样就给就餐者提供了相当宽松的座位选择，换位自由，坐态也可以时刻变换，坐、靠、侧倚、躺等。这样的设计也是为了鼓励客人之间的互相交流，所有的垫子和灯光都可以移动以提供最大的坐卧体验（P8）。

2000年至2008年在任的伦敦市长Ken Livingston曾经声称他希望能够在首都创造上百个新的公共广场，旨在给公众更多相聚和享乐的空间，使伦敦的社会成为沟通更加充分的城市。一些商业区已经将这一概念融入到他们公共空间的设计中，旨在给人们提供更放松、更融合的商业环境。很多开放的座位空间如古罗马广场，也很适于午间音乐会或灯光表演等（P9）。

在数码年代，产品和基础设施是紧密联系的。照片（P10）为在伦敦的苹果旗舰店的开放教室，座位安排得像剧院，但没有墙和门等限制观众的数量，空间是开放的，人们可以在任何时候自由出入，观众不必非要参与讲演者的软件演示，这里可以作为会见、聊天、用笔记本或手机工作的地方。

在伦敦海德公园的Serpentine咖啡厅，有个有趣的地方是用来坐下来喝杯咖啡的，它由Rem Koolhaas于2006年设计。这家咖啡店本身就是个建筑试验品，每年都建起再拆掉，与展示台不同的是开放的空间全都是可以自由组合的不同尺寸的泡沫块，既是桌也是凳。它们很轻，人们可以按需组合，孩子们喜欢用它们搭玩具房和蹦跳的落脚垫。这种在人们坐下之前，先要琢磨“做些什么”或“搞个设计”的做法，被证实很受大家喜欢，而且非常流行（P11）。

离咖啡厅不远的地方是戴安娜王妃的纪念喷泉（P12 / P13），545块计算机切割的康沃尔郡的花岗岩石组成了环状景观。从最高点，潺潺流水分两路绕流到环形圈的另外一端平静的水池里。喷泉平静地反映了对一个悲剧生命的接受，虽然有标志提醒游人不要坐卧戏耍，但游人们看来并不在意而且以度假或户外游的心情享受这里的喷泉。在夏天，喷泉成为人们即兴戏水的地方，绿绿的草地成了人们的野餐地，一块平铺的石刻作品成为人们晒日光浴的地方，这些都发生得非常自然，这里的空间总是被一些意外的方式创造成充满人情味的环境。

坐下的目的不都是为了放松，也有为特定目的所作的设计。照片（P14）显示在一个超市的安全警卫监测商店扒手，他静坐在屏幕前数小时并随时准备起身提醒同伴。整个环境既要舒适，但又不能太舒服，以防警卫失去高度注意力。设计这样的监视功能的椅子，既要满足身体的坐姿，又要与工作任务的要求相关。

多任务的椅子（P15）：这张照片中是一位伦敦巴士司机，他担负娴熟驾驶、巡视、与基地沟通交通状况、兼顾客流等任务，还要验票查票、指路、照顾乘客安全，如服务于少年儿童、残疾人、坐轮椅的人等。对未知姿态的研究、优化布局等，会使椅子的设计运用大量的人机工程学。

一个折叠式婴儿车不仅用于大人推孩子，还要用来装东西或者购物，在障碍物、马路沿、人群中穿梭。还要给坐在里面的孩子提供防撞保护，在后部承载过大时不会翻车伤及孩子（P16）。

患有脊柱骨裂病的孩子，是脊柱高端有裂口并高位截瘫的，通常是使用轮椅到处移动，直立架的设计就是为了让孩子用带子附在构架上站立、躺下或者倾斜，以取得常态生活体位，以便让残疾儿童和家庭尽量参与正常人的日常活动（P17）。

以自行车为例，座椅的设计既要舒适又要适合运动。座位要足够小而窄，以使腿部充分自由地运动，还要将身体重量能够承压到坐垫区域。在倚躺式自行车的设计中，座位比较大，能够让人“坐”在座位上，而不是坐在会引起腿部麻木的狭窄鞍状坐上；扶手也高于座位而低于肩膀，处于胳膊可以自然握挂的位置，这种组合使长距离的骑行摆脱了颈部疲劳、鞍部的磨损和手腕的疼痛（P18）。

P11

P14

P12 / P13

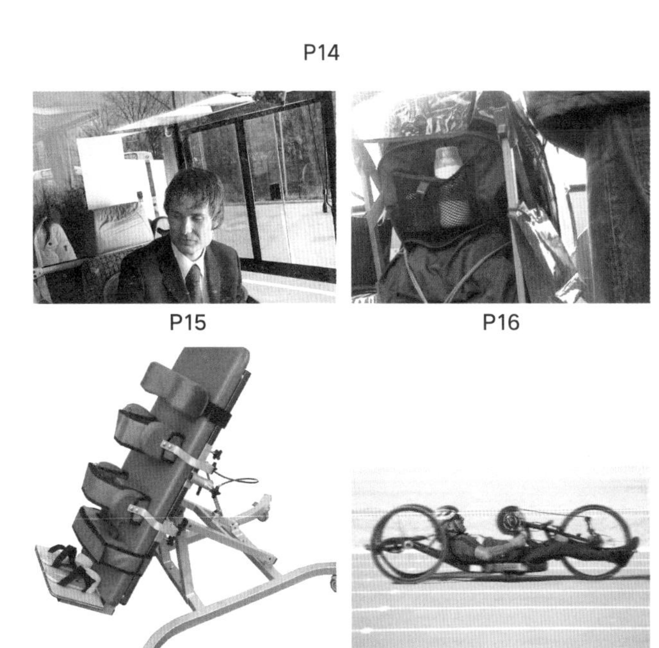

P15

P16

P17

P18

主持人
江黎 中央美术学院教授
历届“为坐而设计”
大奖赛作品展的策划人

“为坐而设计”大奖赛作品展是2002年首次举办的带有国际化色彩的赛事，到2007年11月已举办了3届，从它举办的第1届起，就标志着在中国的家具设计领域开始有了概念设计的赛事。在举办的这3届，历时的这5年间，我们周围发生了巨大的变化，生活一天天富裕起来，好的设计也一天天多起来，人们对于原创设计的认识也一天天强起来，作为大赛的策划人，对于这些变化甚感欣慰。虽然在大赛中产生的概念设计本身不会对行业经济发展产生直接的影响，但作为一种文化——设计文化的存在是必不可少的。5年前，在许多西方人看里，中国是没有设计的，虽然“中国制造”的产品占全球商品过半，但是在国际设计的舞台上，中国当代产品的设计和设计师的身影几乎是空白的，因此也无从谈起中国当代的设计文化。而5年后的今天，仅从我们邀请的国际评委那里，就能够感受到他们看中国设计眼光的不同，在他们的语言中也能够说出“这些作品有创造性，有的我认为接近甚至达到了世界级水平”①，“如果在德国举办这样的竞赛，也不见得整体水平能达到这么高”② 。“为坐而设计”大奖赛从一个侧面反映了中国原创设计正在进行。当然，我们也通过这样的比赛看出我们与国际高水准的设计存在着很大的差距，但是我们相信经过大家的努力，中国的设计一定能够在不久的将来在世界舞台上站起来。

在此，为了更好讨论设计与产业的关系，探讨创意设计在产业发展中的作用，我们特约两位中国知名家具品牌联邦家私和澳珀家具的企业领袖和石振宇（中国知名设计师）、梁明（英国设计教育家）、陆蓉之（中国台湾艺术设计评论家）三位海内外设计界精英和学者，一起就已在国内设计产生影响力的“为坐而设计”展谈起，进一步引申到创意设计与产业经济发展之间的关系，从他们各自的职业角度来看待中国应该如何面对创意产业的问题，以及创意设计能够对产业发展起到什么样的作用。

①：第1届和第3届评委：日本设计大师喜多俊之
②：第3届评委：德国凯泽斯劳滕技术大学建筑系教授Bernad Meyerspeer

朱小杰 ╳ 江黎
澳珀家具有限公司总裁总设计

江黎　我们知道您一手创下的“澳珀家具”品牌，在国内外都很畅销，您既是公司老总又是总设计师，整个企业生产和销售的家具样式都是您一个人设计的。谈谈您在创业过程中，是如何对待自主创意设计这个话题的，它对于您的企业有着什么样的作用和意义。

朱小杰　很多人都对这个问题感兴趣，其实很简单，大部分人都认为办企业是为了经济效益，可我一直不这么认为，我做企业只是为了自己的喜欢。我喜欢做家具，那必须得有个地方来完成工作，所以有了工场，又由于我做的家具很多人喜欢，于是工场就成了工厂，一切都是水到渠成。但在这个发展的过程中，澳珀之所以成为澳珀，自主创意设计是它的核心推动力。当然，不能否认温州人天生的经商基因也帮了我不少忙。创意设计如果不能与市场沟通（不是结合），如果没有市场的运作能力，那么设计师个人的喜悦就无法与大家分享，那也是一件不幸的事情，再好的设计也只能孤芳自赏。因为设计最关键的一点就是让一种想法变为实际，变成可触摸的东西，否则再高调地说什么设计改变生活，也显得毫无意义。

江黎　您对在中国产业中发挥创意设计有很强的信心，并且努力地在国际上推广中国设计师，谈谈目前中国的产业设计在国际上处在什么位置，还需要我们做些什么努力。

朱小杰　中国人并不缺少设计，而是缺少沟通，缺少各行业之间的沟通，缺少将设计师的作品变为商品的市场操作，恰恰这些在西方都已很成熟。所以我们希望通过这次大赛给中国的设计带来机会。其实对西方国家来说也一样，只有当每个民族都能在世界的平台上分享资源、享受人类共同的智慧，设计的话语权才会变得更宽阔、无地域之分，彼此间的灵感更会碰撞出新的火花。当达到这样的状态，拷贝、低价倾销等不尊重文明的手法自然也会逐渐消失。说实话，目前中国的设计之所以弱，不是物质的缺乏，而是精神上的贫穷。家具界的拷贝之风让我们自己都感到寒心，要想改变这种局面需要时间以及全民族的努力，这种努力的第一步就是要跨出去交流与沟通。

江黎　您为什么要给予“为坐而设计”大奖赛资助，您认为这是一个什么样的设计比赛？

朱小杰　一次在广州国际家具博览会上，受中国家具协会邀请，为全国家具企业参展商评奖。那时得知你发起和组织了这样一个国际性的赛事展很受感动，那个年头很多学校里的老师都为钱而苦恼，你却坚持着理念，确实难得。没有任何经济目的，赛事是神圣的。所以我很乐意参与“为坐而设计”的比赛，也愿意尽自己的一分力。它是一个设计交流的平台，而且很纯粹、很专一，无论是精神上还是参赛的作品，都可能把有思想的设计师凝聚在一起。中国的设计师一直很孤单地在行走着，我们想借一匹快马让大家能飞奔起来，可能的话，我希望这个大赛的平台就是这样一匹快马。事实上，这一届我们能邀请到世界上著名的设计师喜多俊之先生、沃克·阿布斯先生、中国著名的设计师石震宇先生来做评委，也从某个角度说明了“为坐而设计”现在及将来的意义。

江黎　在这届“为坐而设计”作品展同期，您又策划主持了“30把椅子”展，它具有什么样的意义？

朱小杰　“为坐而设计”大赛还很年轻，它需要更多不同形式的参与，特别需要已经成为商品的作品来参与。这样就可以更大范围地在中国把设计师聚在一起，这样的交流会给大家带来灵感、带来快乐，更重要的是给行业带来机会，中国家具制造遍布世界，但家具设计力量却极其弱小。这次我有幸一起策划了第3届“为坐而设计”的展览。为了更好地把设计师们聚在一起，又邀请了30位设计师以“30把椅子”展的名义参与进来。大家都来自不同的行业，只是喜欢椅子、兴趣相同，才把我们聚在一起。特别是不远万里来的外国评委朋友也带来了其精彩的椅子，委实让人感动。下一届也就是第4届“为坐而设计”的展览，我们希望能邀请到40位设计师来参与“40把椅子”展，并想通过这样的活动让大家一起来努力，让中国家具设计找到自己应有的位置。

王润林 ╳ 江黎

联邦家私有限公司总裁、设计总监

江黎　“联邦家私”在国内市场上是一个叫得响的家具品牌，在风格上带有浓郁的中国文化色彩，也是具有中国自主设计品牌的企业，得到很多消费者的喜爱。您在公司担任设计总裁20多年，听说您麾下有20～30个设计师，这在中国家具企业中大概是唯一的。谈谈您在掌控联邦家具的设计风格上，着眼点放在什么地方。

王润林　我们针对中国家居、生活方式，传承了中华文化的底蕴，采集了世界各地文化的精髓，然后将这些文化很好地结合在一起，这就是联邦的原创设计。有人会说联邦的东西好像不够前卫、不够个性，其实大家往往就是对联邦寄予了太多的厚望，既希望联邦的产品很有生活味，又希望联邦所营造的家居生活非常个性、前卫，这本身就是矛盾的，因为绝对的前卫不一定有生活味，绝对的个性化也不一定有绝对的前卫。如何将艺术性、个性化、生活味很好地整合在一起，这是联邦所做的事情，也是联邦原创的原始动因。多年来我们的原创就是这样走出来的，这也是联邦的产品能够畅销而经久不衰，能够形成自己的独特品牌文化的原因。

当然，将这几个方面结合在一起，必须有很深的功力。因为要突出某一方面是最容易做到的。比如，要艺术化，就追求纯粹的个性化；要做到纯生活化，就是做到纯功能性，现在很多家具就是纯功能的；质量做到极致，成本做到极致，尺度、使用方式都做到极致，单方面的追求是很容易做到。但是要把艺术性、个性化、生活味融为一体，整合成一个东西出来，这是最难的。中国家具业在设计思想上欠缺的就是这样的火候和功力，所以很难形成自己的产品风格。

现在中国越来越强大，国际地位越来越高，作为中国人的民族自豪感也有大幅度的上升，这些都为中国元素走向国际市场提供了良好的条件和基础。比如现代的唐装、中国建筑美学、博大精深的国学……这就说明一个问题——中国的文化观念在复兴。我们的很多家具都是基于中国人生活方式的表达，这是因为我们的原创是以中国文化为根基的传承，在20多年的发展历程中，我们通过产品慢慢地强调联邦的家居文化，随着国力的强大，消费者也在不断地理解和接受。也只有走一条本土文化特色的设计原则，我们的产品才可以畅销，才可以成为经典，而不是昙花一现。

另外，企业要做大必须要有一定的使命感和责任感，有使命感的企业无论是战略决策、企业精神还是全员上下，都有一种振兴民族工业的精神。现在我们很多原创的东西都走出国门，改变了以前依照图纸做贴牌生产的局面，很多外国人喜欢中国原创的东西，我们把这个做好了，这就是民族的使命感。

做品牌很重要的一点就是责任感，联邦有几个保证：第一保证消费者的权益，第二保证员工的权益，第三保证国家的权益。从责任感来讲，我们比消费者更关心产品的质量，更关心在生活中使用的效果。因为消费者买的家具是实体，但是对联邦来说是20多年的品牌，所以品牌的重要性不在于手段，不在于营销方式，要让消费者都觉得好，这里面的关键就是使命感。

江黎　企业往下发展，在策略上有什么样的调整或计划？

王润林　从当前的消费形势来看，单一的产品线已不能够支撑起庞大的市场体系，联邦一直不是走单一的产品路线，所以未来会走使产品更立体、更趋于家居的消费方式的路线。我们会把一线的经营销售以及消费者的需求整合起来，传达到我们企业运作的每一个层面，只有这样做，才能够去打造联邦未来更上规模的产品线，才能够打造出联邦所希望给予消费者的一个很宽广的产品选择空间。今天的联邦产品线已经很丰富了，但是未来会更加丰富、更加立体，照顾到消费者的层面会更加有深度和高度。

我们要做很多事情，比如继续在产品、营销、制造各方面重拳出击，对准消费者的生活方式，从来源于生活而高于生活的角度，用不同的产品去综合解决消费者家居生活的需求。这是非常关键的一个课题，这不是用某一个品类产品就能够去解决的问题，而是用多品类、多风格去解决的立体呈现。

在联邦，产品的创新、产品的研发，还有制造平台的支持，都是我们的核心。今年我们要继续整合整个产品研发的平台，包括产品研发、产品线，还有营销和规模的扩大上，都要做很多努力。在产品开发方面，我们会一如既往地走原创之路，为中国人营造“高素质生活”家居。

我们特别注重用“联邦制造”去支持“联邦创造”，我们在南海几十万平方米的工业园以及山东在建的500多亩工业园，都是用“联邦制造”去支持我们本身原创的平台。消费者对“联邦制造”很在意，因为他们很关心我们卖的东西是不是联邦自己生产制造出来的，也就是“联邦制造”为消费者的购买行为树立了信心，所以我们充分利用联邦制造优势，不断整合联邦制造资源，全力做好我们的原创产品。

2008年的中国家具市场会更加繁荣。这一年，一是在我们国家举办的奥运会，会掀起一个非常热闹的市场消费；另外家具行业也会做出大量的成果呈现在消费者面前，让消费者不需要过多的思考就可以挑选到自己满意的东西。经过近几年的混沌和徘徊，人们的消费理念更理性，在这样一个大背景下，家具企业就拥有一个更加实实在在的发展动力，有了更加良性的循环，这也是从“中国制造”走向“中国创造”的机遇。由中国品牌走向国际品牌，由以国内市场为主走向国内国际市场并行的道路，也就有了实实在在的支撑点。在这方面，一些大的家具企业可以成为榜样，成为参照。所以我觉得2008年是消费者生活质量改造、提升的大年，有很好的机遇，我们的市场前景是光明的，道路不应该是曲折的，应该是顺畅的。

江黎　谈谈您观看了第3届“为坐而设计”大奖赛作品展后有什么感想？从产业的角度看，这样的原创设计大赛对于家具行业是否有意义？

王润林　设计大赛是一个交流的平台，将家居行业内各领域的设计创意聚在一起，大家都拿出一些对行业有贡献的设计方案，互相探讨、互相融合，一定会找到更好的做法。这个做法不是说你怎么做，我回去后也这样做，而是我们应该怎么做，才可以为行业做贡献。每个设计师把自己存在的意义做出来，就不单纯是从个人或者企业的利益出发，而是中国家具业如何在世界舞台上跳舞，举办这样的大赛，就非常有意义了。

江黎　您在企业从事了多年的设计管理工作，您是如何看待原创设计的？

王润林　谈到原创设计必须有一个清晰的界定，在中国家具业中应该界定为三个方面：一是学院派的原创，二是个性化的原创，三是生活型的原创。

学院派的原创是从教育体系去做的原创，是从教育方式、材料公关，到人才培养等整个思路和方法中出来的设计成果，也许只能够作为学生学习过程的原创成果，它所具有的市场价值，对未来家具界的影响力是非常有限的。

个性化的原创是设计师在艺术角度上的表达。中国现在有很多人比较讲究纯自然色彩、纯民族色彩等等纯个性化的东西，市场上也有很多这样的个性家具，从用材、颜色到家居风格等方面都有非常丰富的呈现，而且这样的发展方向会越来越多，因为消费者喜欢这种个性化的消费。而设计师更希望通过家居、家居用品，把个人艺术方面的眼光、理想和影响力打造出来。

生活型的原创跟前两种有很大的区别。比如美克美家，它的产品就凝聚了各方面成熟的东西，包括它的创意，材料，表面处理，涂装工艺，产品配套、功能和使用的方法，营造生活的方式，所搭配的生活情调都很成熟，而且这个“成熟”还包括了家装、户外环境等。这个“成熟”所表达的是什么，是对一个民族延续了几十年上百年的生活方式的积累、提升、升华。

美国是个移民国家，美国人在采集文化根源的时候，他们会考虑当初从英国搬到美国的时候，英国本土的生活方式是什么样的，后来在研究欧洲、地中海沿海或者是世界各地生活方式的时候，他们采集到很多现代文明的表达方式，将这些糅合在一起，他们创造出了属于欧美式的现代家居，而这种生活模式其实就是对生活、对家居的一种原创工作。所以这样的工作需要每一件家具的造型、材质都进行很彻底的原创，这个原创吸纳、采集原来的一些要素重新进行再创造，是需要有很坚决的力量、坚定的信念、信仰和文化背景才能打造出来的。

中国不缺乏文化背景，也不缺乏信仰，缺乏的就是冷静下来思考属于自己生活方式的原创。比如宜家，它的家具很艺术、很个性、很学院派吗？当然不是，宜家历经漫长的北欧文化熏陶，其原创最前卫，因为它对欧洲或者是北欧文化有成熟的表达。

江黎　对于搞原创设计的人来说，最头疼的就是被盗版。我们经常遇到一个好的设计一经投放市场，销路看好后，立刻被别人拷贝，致使原创人遭受经济损失的情况，您是如何看待联邦被抄袭的现象？

王润林　在每年的家具展览会也好，推新产品也好，联邦的阵容都是最强大的，去年我们已有10大产品系列几百件产品推出。如此庞大的设计阵势在家具行业里面很少见的，很多企业就是一个系列推出来，搞一个专卖店，但联邦不这样做，联邦推出来的是整体生活方式的解决。比如你喜欢将这种风格的摆在卧房里面，我喜欢那种风格的放在客厅，通过组合去达到自己的需求，实现自己的家居生活主张。所以为了满足消费者的需要，我们用多层次产品的阵容推出各种各样的家居生活组合方式。

抄袭可以推动并形成更新的时尚和潮流。如果你能做到在某些产品类别里面成为被抄袭的首选对象，你的原创就是成功的。其实抄袭的人只是为你造势，但是我们要保持原创力，不断推陈出新，去引导这个行业、引领消费潮流。在广州、在北京，甚至更多城市，消费者要买实木家具，他们更多时候想到的是去联邦看看。从这个意义上看，即使被抄袭，我们认为也是联邦在为引导消费市场的时尚潮流作着一种贡献，也可以看作为我们企业的社会使命吧。

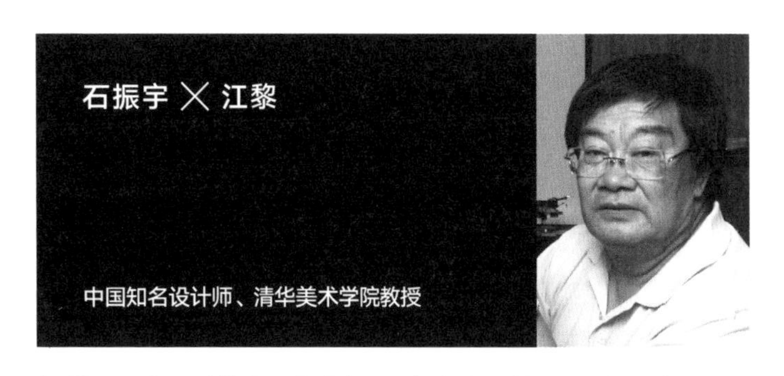

石振宇 X 江黎
中国知名设计师、清华美术学院教授

江黎　您设计的多项音响产品近年在欧、美、日市场非常看好，获得很高的评价，被欧洲著名专业杂志评为五星级产品，多次拿到国际业内设计大奖，也在国内工业设计“红星奖”上夺得多项设计大奖。也就是说，在当代国际工业设计师名录上，终于有了一位土生土长的中国设计师。谈谈您对于从事设计的感想。

石振宇　“设计是技术和人之间的一个接点，设计师就是安排技术和人之间的这个接点，创造最佳的传达。”我觉得美国设计师乔纳森·伊佛（Jonathan Paul Ive）的这句话说得非常好。这句话提到了两个最关键的问题：技术、人。只有了解了技术，设计师才可能安排技术和人之间的这个接点，创造最佳传达。一个产品的设计需要多方面的知识支撑，有技术、功能、艺术、人文、社会等知识，才能构成一个优秀的产品。而大多数设计产品又必须依靠一个三维的形态来表达，所以对形态的研究就成为设计师的一个重要课题。形态与联想，形态与功能，形态与成型，设计师必须不断地实践、不断地学习、不断地完善自己，才能使自己掌握更多的资源，使技术不再是设计的障碍，使技术成为运用自如的设计手段。一个设计师为任何一个行业做设计，都必须首先成为这个行业的专家，他才可能做出这个行业的精品设计。设计是通过技术的手段，而达到一个艺术目的的过程。

江黎　您作为历届“为坐而设计”大奖赛的中方评委，请谈谈您对这个大奖赛的看法和它对于中国设计事业发展的意义。

石振宇　“为坐而设计”2007年已举办了第3届，第3届的“为坐而设计”比起前两届已有了很大的进步，由原来的参赛主体是北京地区的学生，发展成一个国内外大量设计师、学生参与的活动，并吸引了一些知名设计师的作品参展，有力地推动了中国家具设计的发展。

江黎　请您谈谈这种原创设计大赛上的作品，是否能对产业发展起到作用，怎样做才能对企业的设计发展起到推动作用。

石振宇　第3届“为坐而设计”的大赛中，出现了一些很具有发展性的创意和可以产品化的设计动机，这比起前两届展示有了很大进步。尤其是这一届参展的作品已开始注意到对资源和传统文化的重视，这是一个对中国设计的有力推动。我相信“为坐而设计”如果再举办第4届、第5届、第6届，它必将成为对中国家具设计具有重要影响的活动，也将推动中国家具设计的前进步伐。

江黎　您在清华美术学院（原中央工艺美术学院）从事工业设计教育多年，您认为中国的设计教育现状如何？在产品设计课程中应该加强哪些方面的教育，或者说是训练？

石振宇　中国设计教育的现状是过于重视“理论”，而忽视了设计实践活动，工业设计是一个实用学科，设计教育首先是要了解在中国飞速发展的今天，在中国现在的设计现状的情况下中国需要什么样的设计师才能使中国设计振兴起来，推动中国设计的发展？这样的设计师需要什么样的知识结构？然后根据社会的知识结构设定课程，训练学生的各种能力，以便为社会提供真正有用的设计师、设计大师，这才是设计类院校面临的当务之急。

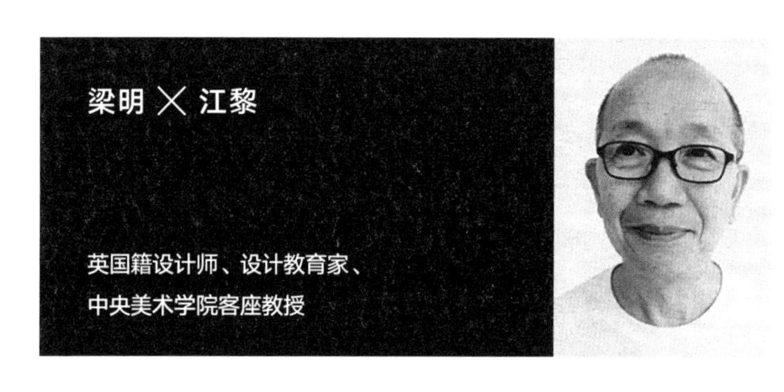

梁明 × 江黎
英国籍设计师、设计教育家、
中央美术学院客座教授

江黎　您一直在英国从事产品设计与设计教学工作，近年来到中央美术学院主持产品设计的国际工作室教授，从您的角度看中国目前的产品或家具创意产业处在一个什么样的状况中，和国外比它的差距在什么地方？

梁明　设计工作目前在欧洲是非常热门的职业和成熟的服务行业。集智慧、知识和技术于一体， 为世界各国紧随而不及。产品和家具设计占据了创新与传统产业经济规模很大比例份额，仅以家具为例， 从小手工作坊到大规模自动生产厂、从试验性较强的个体户到著名的设计工作室， 有无数优秀设计的案例， 无论它们是高端概念还是实用主义，不仅渗透于家里家外， 而且还进入到人们的意识中和谈话里，与设计有关的商业和事务被编纂在各类印刷品、数码产品和广播媒体上， 作为强有力的工具来改变我们生活和工作的方式， 从端庄优雅的北欧设计到艳丽的西班牙和意大利设计，可选种类繁多。

在意大利，著名的设计师会秉承家族盛名、被认为是国家英雄，在英法等国会成为知名人物。曾经的瑞典国王Sigvard Bernadotte自己就是一名工业设计师，在丹麦设计师被视为国宝，在德国、瑞士和奥地利，很多产品设计师都是出色的工程师和发明家，而法国是世界上创造力最强的国家。

这些都起始于国家背景和教育，比如在RCA（皇家科学学院的综合类硕士课程）的工业设计工程课程，学生不仅来自于牛津大学和剑桥大学这样的英国名校，也来自于其他精英学府如麻省理工大学和斯坦福大学，所有这些学生在学习设计前都有出色的工程专业背景，有一些还是MBA或商业学位，现在IDE课程中的一名学生还是牛津大学博士，如此人才汇聚的设计阵容在中国很少看到，绝大多数对设计感兴趣的学生主要来自于艺术和工艺背景。

在意大利的时装和产品设计师有非常广泛深厚的激情，知道如何才能让世界只有妒忌的份，像他们的法拉利和兰博基尼跑车或者PRADA和ZENGA的服饰与饰品，与其说是设计师的成功，倒不如说是整个工业体系的成功，作为一个家具行业的著名品牌—B&B Italia给他们最近出版的著作标题是“为设计服务的工业”，强调了工业在服务设计师和设计过程中的重要性，但工业的概念在中国还是非常不同的，其实工业不仅仅是寻求规模、产量、快速回报等，它应该是“生活的质量”和“可持续发展”，这才是欧洲的梦想。

如果你不研究和发展自己的东西，总是复制别人的产品和服务并打价格战，从展览会和杂志上翻抄别人的概念和想法短期内看似充满实效，但从长远来看，它打击了本土创造型人才的增长，并且极大地阻碍了社会资本的增值和创意经济的发展，同时阻碍了设计人才的成长，影响他们毕业之后进入设计领域，他们会问：“如果回报低微又没人尊重，我为什么还当设计师？”

东西方之间有很多设计差异需要设计教育来回答，目前的设计教程主要基于艺术，与技术和商业领域的结合极其有限，也很少见到本土家具和产品行业尝试设计和开发新的材料与生产流程。我们必须明白像Steelcase Strafors或Herman Miller这样传奇般的公司不是在偶然或无序的商业环境下创造的，是在对品牌策略和产品研发的长期投资的基础上获得的，同样的还有家具和照明设备公司Cassina和Artemide，不仅仅由于他们有发达的艺术和先进的科学，更是由于对公司年轻设计师们持续的激励机制。

在中国学习设计的学生和年轻的设计师同样有很多问题要回答，他们对纸面设计或电脑绘图的依赖远大于发展动手制造原型和生产实物的能力，不但限制了他们探索发现的能力，还减少了他们成功的机会。在很多学校里，由于很多的想法只是停留在开始却没有真正实现而使得很多的努力付之东流。很多的概念被误导或胎死腹中只是由于没有很好的引导，可以助力于设计的研究工作通常随意执行或者根本放弃。

从今天放远看未来，中国的设计要想赶上西方是需要时间的。因为欧洲人和美国人并没有闲着，正相反，他们在设计前沿的开发工作异常活跃，占据了设计领域更大的范围，如交互设计、设计体验、跨学科的设计、采用社会学和人口统计学的研究方法来理解和图示用户与市场，把设计价值转变成为真正的用户价值，再紧密地与商业价值相联系，以使得决策者满怀信心地投资。

公众对优秀设计的支持也是成功的因素之一，媒体对设计领域非常了解并阐释得当，例如在BBC的TOP GEAR栏目中谈到的汽车设计内容趣味横生、出人意料，设计类的好杂志在欧洲随处可见，从图书馆到商店，从音乐厅到博物馆，从高速火车到豪华汽车，市场欢迎优秀别致的设计、能够反映时间和理念的设计、能够体现持续发展和生态保护的设计。这些都是超越国界的，并非是西方追求的所谓“西方设计”，而是西方在追寻的“最好的设计”，看看宜家（IKEA）是如何成功的，当然在他们成功背后有很多因素诸如产品加工本地化，但懂得现代生活的内涵才是他们广受欢迎的原因，他们理解全球各地的客户。他们深刻知晓激发人们消费欲望的不仅是价格而更是产品设计本身，无论他们在筑新巢还是搬迁新居，客户们感觉到他们在力所能及的范围内购买了代表国际水准的标志。

江黎 这一届的“为坐而设计”大奖赛，您是我们的评委之一，在您看来参赛作品的水平和国外同类比赛的水平有高低差别吗？

梁明 总的来说第3届“为坐而设计”比赛和“30把椅子展”是一个很好的尝试，虽然离国际标准还有距离，但也值得自豪,并得到鼓舞，在比赛最后阶段可选的赢家少之又少，即便这样捉襟见肘而前途光明也比畏缩不前要强。来自于赞助商的有效而广泛的支持很明显会吸引更多的参与者和更多的激励和奖金，在开始阶段的媒体广泛宣传会带来很多的公众效应，特别是如果希望吸引到海外的参与者。但我基本上认为设计类的学生和年轻的设计师应该对自己有更高的要求，无论是作文化创意、新颖建造、探索坐的体验，都应该更远更深入地研究事物，符合形式美学很重要，但更加真切和透彻地找到问题结点和挑战才是最重要的，我个人喜欢看到更多的材料选择而不仅仅是传统的范围，针对性的设计需要有用户研究学科的支持才会引导设计进入新的领域产生新的结果。

江黎 我们知道国外有很多设计比赛，它对于产业发展的意义在哪里？

梁明 竞赛是一个发现与共享的工具。但是许多比赛被恶意设置成为廉价获取构思的陷阱，这种情况发生在很多国家而不仅是中国，这种损害降低了比赛的意义，就像其他事物，比赛也有好坏、公平与否等，德国的红点奖就树立了很好的榜样，还有美国的IDEA奖项是四季持续的，在世界各地很多伟大的建筑和城市发展的设计师都是公开赛和邀请赛的获奖者，声望与其价值一致，许多瞄准高标准发展的事物从长期来看都是双赢的结局。Rietveld、Harry Bertoia 、Michele De Lucchi、Philippe Starck等已经是大师级的设计师作品，将原本是商品的家具，一下提升到艺术的层次。

陆蓉之 X 江黎
中国台湾著名艺术与设计评论家、策展人

江黎 您是第一次看我们的“为坐而设计”作品展览，请从您的角度谈谈对这个展览的感受。

陆蓉之 我曾经参观过在德国、瑞士边界的Vitra设计美术馆。Vitra 是一家瑞士家具公司，他们总喜欢邀请一些比较前卫、创新的设计师为他们设计家具，也正因为如此，通过经年累月的积累，

Vitra成为国际上最著名的家具生产商。而他们请来当年还未成名的美国建筑大师弗兰克·盖里（Frank Owen Gehry），在1989年建立了Vitra设计美术馆，更使他们成为了一块名满全球的文化品牌。馆内以艺术展览的陈列方式，长期展现Ludwig Mies van der Rohe、Charles and Ray Eames、Le Corbusier、 Jeanneret Perriand、Gerrit T。我第一次看到你们“为坐而设计”的展览，立即联想到的，就是Vitra设计美术馆，将商品跨越到艺术品的范畴来。

江黎 您在国外生活多年，又是台湾著名的艺术与设计评论家，同时也非常关注大陆这方面的发展。您认为概念设计对于创意产业会带来什么样的影响？能给我们举一些国外产业发展与创意设计关系的实例吗？

陆蓉之 由于我连续在台北实践大学的设计学院任教10年，所以和设计产业的互动，并不亚于艺术，除了教学以外，也很关心产业的展览会。我认为，从20世纪70年代西方观念艺术盛行以来，直接、间接都影响了设计领域。所谓的概念设计，基本也就是观念艺术辐射出的影响下，自然出现的“反商”产品，顾名思义，概念设计重视的是“概念”的前提，而非“产品”的结果。最具体的例子，就是国际车展时，通常都会有“概念车”的展出，这些车子尚未投入生产，多半是实验过程中的样品，还不能成为量化生产的纯粹创意表现。假以时日，或经过更多的实验与修正，最终也有可能可以投入生产，但是不少都只能流于纯粹创意的演练，无法透过生产过程获得商业方面的回报。服装设计领域，也经常会出现一些概念化的服装，特别是高级定制服装的发表会上，一些奇异、夸张、无法实穿的服装，最后也不会投入生产线，纯粹彰显设计师的理念和风格而已。

江黎 概念设计如何与商业市场结合？请您给我们提一些建议。

陆蓉之 概念设计的重要性，在于创新，勇于打破陈规，表现新奇感。所以设计的先行者，都必须经过锤炼创意的阶段，从事一些不切实际的实验工作，摸索出新的形式或方向。纯创意的工作，应该属于艺术工作者，他们可以天花乱坠做自己想要的。然而，一位设计师的创意，目标就是投入生产，所以经过实验、创新所开发的成果，终究还是要和商业市场合作。设计师利用商业生产资金的一部分，从开发概念设计到实际制作，有时也有意想不到的宣传效应。理想与现实两者之间的协调，取决于策略与执行力，也并非一定对立相斥。透过周密的事先计划，概念设计也可以是产业创新的源头。

发表于《中华文化画报》2008年第02期

实践篇

30 低碳设计　68 公共空间　108 坐与……　146 先辈智慧

低碳设计

江黎　李永玲

近年来，雾霾天气在中国大部分城市肆意蔓延，已经影响到我们每个人的身体健康和生活质量。相应的节能减排、绿色出行、低碳生活等政策措施不断出台，保持住蓝天白云、河流清澈、沃土生机成为当今人们心中最大的愿望。低碳设计、绿色设计、生态设计、环境设计的概念逐渐突显其职能的重要性。在自然环境遭到破坏、人类生存受到威胁的情况下，低碳设计的主要目标是为人类未来可持续发展和维护生态平衡的造物方式，提供更有效的设计创新和方法。

众所周知，半个多世纪以来，我们生活中绝大部分生活用品，是由工业化生产制造出来的，它极大地提高了人们的生活水平，为国民经济发展带来的好处不言而喻。但时至今日，几十年工业化生产方式的急速发展，也给生态环境带来了前所未有的损耗和破坏：自然资源减少、工业废物堆积、大量能源消耗、碳化排放上升，使全球气候变暖，雾霾天气肆虐，已经危及到我们生存环境和生命安全。2015年12月12日巴黎气候变化大会诞生的《巴黎协定》，就是针对如何遏制全球性温室气体排放问题，达成对未来石化煤炭减排的国际性联合协定。国家主席习近平在大会上承诺中国计划在2030年之前碳排放达到峰值，GDP碳排放比值要比2005年下降60%～65%。

“为坐而设计”早在2007年第3届就以“绿色设计”为主题，把设计创意的焦点放在环保概念上，从设计思维、设计对象、设计方法上，引导设计师对减少环境污染、降低能源消耗、对产品和零部件回收再利用、可循环再生资源利用等方面的探讨，将绿色、生态、环境、低碳的“3R”原则作为创意设计的基本准则。

低碳设计可从以下几个方面体现：

1. 取材。选择可再生资源，即自然环境中生长较快的植物如竹、藤、木等；对不可再生资源的，但可循环利用的如金属类可拆解资源进行再利用和二次利用，在设计方法上可采取置换设计概念，将现成品或零部件转换概念再设计的创意方法。

2. 加工。非工业化制造是能减少能源消耗和减排的造物方式之一，选择传统工艺造法，低技术、手工造作，是能满足个性化多样性设计，且低碳加工的方式，在制造环节上有效减少石炭能源的消耗和排放。另外清洁能源的不断开发，如太阳能、水利能源等的环保新技术，是低碳设计可利用的首选方式。

3. 行为。在设计上给使用者留有自行组装完善设计品空间，在使用中体验设计的行为交互，如设计师只提供构成一件产品的简单物料和链接件，提供完成设计的步骤提示，让使用者自己组装拼接完成的DIY设计方式，是能够减去物品在包装运输环节上物料和占有空间上的浪费。还可以设计某种方式，让消费者在生活中用自己的智慧得到一种功能形态的应用。

4. 人文。旧物往往带着使用者生活的痕迹，对旧物的改造是唤起对它的某种记忆，并延长它使用寿命的一种设计方式，也是对物质生命的尊重。另外地域性的生态型产物，也是带有地域文化特征的，比如南方产竹器、北方产柳编，它们保留了当地人祖祖辈辈传承下来的一种造物方式，用的是取之不尽用之不竭的生态型材料制作出来的，其本身就具有了某种文化的基因。

利用现成品和工业废弃物作为艺术观念的表现形式，在20世纪五六十年代西方现代艺术中就曾出现，在过去的几十年里成为一种经久不衰的艺术形式；在设计领域20世纪八九十年代在德国、荷兰、意大利等国也出现了许多前卫设计师采用这种形式，创造出许多令人赞叹称绝的日常用品。

本栏目除选用了“为坐而设计”中相关的低碳设计作品外，还加入了2010年我们为上海世博会伦敦零碳馆设计制作的部分作品，从行为方式、设计理念、创意思维、资源利用、人文情怀等方面，都基于低碳概念设计的坐具案例。从这些作品中，能够读到设计师用设计语言，阐释他们的环保主张和设计思维上的足智多谋，用具有创意的思维，变废为宝的设计理念，为当代个性化生活带来丰富多彩的设计，让人们从低碳设计中感受其特有的审美趣味，让低碳生活艺术化，将低碳设计成为一种消费时尚深入人心，将其普及到大众的生活行为之中，应该成为新时期设计发展的主流方向。

竹编工艺是中国延续了几千年的手工造物的主要方式之一。设计师与家乡竹编大师合作的这件作品是将昆虫的瞬间形态赋予坐的功能，体现了作者对自然与人的情感关怀。其完美的造型设计有其工艺结构上的创新，取材选于本土生长的取之不尽用之不竭的天然毛竹，成为本土绿色设计的经典之作。但由于竹编手艺人日渐缺失，复制此作品成为一大难点。

章寿品　**虫椅**

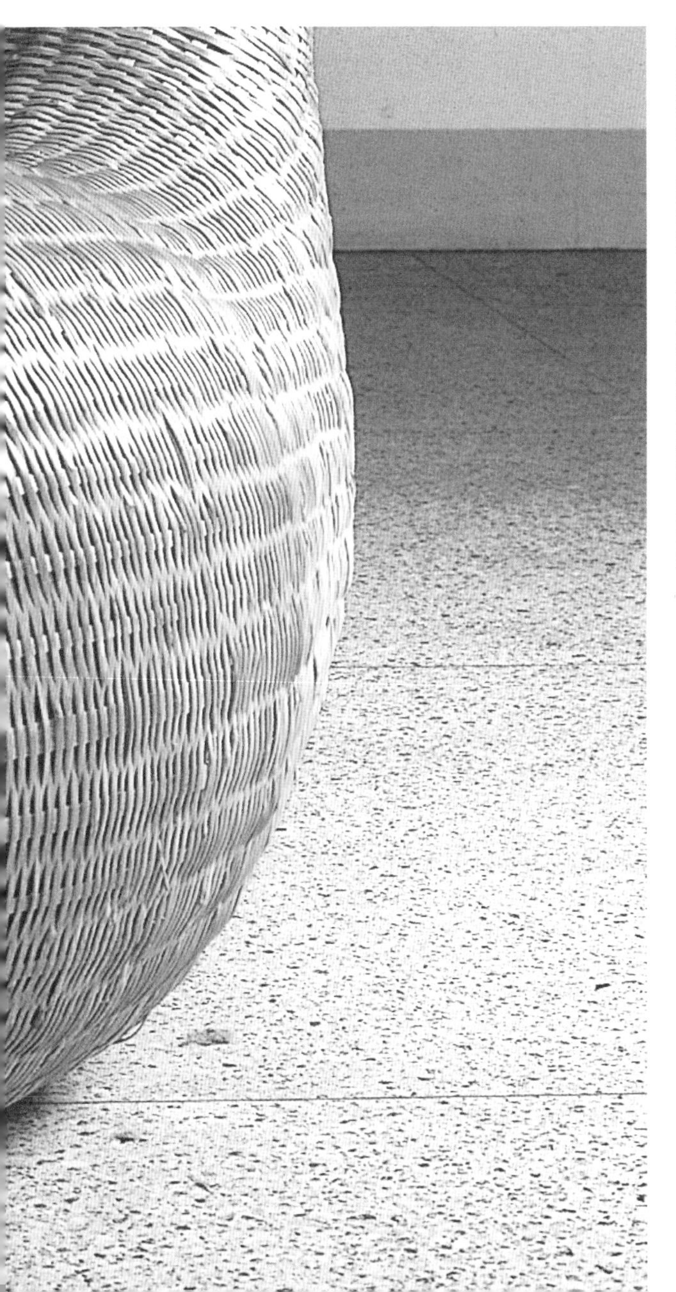

竹，600mm×800mm×1200mm 第1届银奖，2002年

梁飞　张上海　**翻译**
赵远　张广瀚
史超　秦发金

这一组设计是以绿色藤材料替换原有工业化材料钢、塑料等生产的，对世界上著名的椅子进行“翻译”再设计，不失为一种设计创意。在一定范围内引起人们对环保材料应用的讨论和重视。在同样的造型下，由于材料属性的差异，设计品的气质也发生着巨大的改变，藤材料自然朴实的属性，让作品有了一份温暖感。

藤，650mm×550mm×750mm，480mm×480mm×950mm，500mm×600mm×940mm，650mm×700mm×850mm，2007年

王一川 **草沙发**

中国是一个农业大国，农作物收获后，如何对剩余的稻草麦秸秆等进行再利用也是现代科技探讨的一大课题。在这件作品中设计师用稻草塑造成沙发的形态，似乎在向人们提示稻草原本也是可以直接用于生活中的某种坐卧需求的，农业时代过来的人们，有着对于天然作物赐予日常生活之用的记忆。

稻草，800mm×800mm×600mm，2002年

37　马背上的骑士　江黎

我们的祖先有骑在马背上游走天下的传统。现在虽然有汽车、火车、飞机代替马来实现人们游走天下的梦想，但是骑着坐总能不经意地唤醒对昔日富有诗意的浪漫自在生活的体味。换一种坐姿吧，放松一下你紧张的情绪。藤编工艺源于传统手工艺，属低碳加工的一种方式。

藤，500mm×320mm×650mm，500mm×320mm×700mm，500mm×320mm×1100mm，2006年

贵滢　**笼屉**

笼屉是中国饮食中特有的厨具。在再设计的过程中，制作工艺非机械化，属于纯手工零碳加工方式，在设计创意上巧妙置换概念，将其用于坐具，并采用多层叠加，可满足不同高度的坐姿需求，不失为换位设计的一种案例。

金属蒸笼、布、填充物，400mm×400mm×100mm，2010年

39

指示椅　易雪

将道路指示牌改造再设计，有明确指向性的视觉图案运用在家具产品上，大胆又有创意，其趣味性又能引发人的思考，再一次提示和幽默了一下被忽视了的坐的行为。

路牌、旧椅子，350mm×350mm×420mm，400mm×400mm×750mm，2010年

江黎　**轮+座**

我们已进入汽车消费时代，汽车拆解厂也应运而生。拆解下来的零件对于原产品属失效零件，但换一个思路将它作为其他功能产品的零件，其材质性能却绰绰有余。汽车轮毂的钢性作为坐具的底座有很强的稳定性，其强度很高。报废摩托车的坐垫还完整，将两个报废车的主要部件用简单焊接方式设计完成的酒吧椅有一种后工业文化感。

汽车轮毂、摩托车坐垫，450mm×300mm×750mm，2010年

Nest seat　葉鑫

这个设计运用了藤芯和铁管两种属性截然不同的材料，在形态和造型上形成了几何与自然形态的对比。运用“筑巢”的概念营造一种坐的新体验，寓意了人的“坐”的行为，也如同倦鸟归巢，是寻求归宿和依靠的一种行为。从视觉、触觉、听觉等多种感受，激发使用者重新思考被我们漠视的物品与人之间的关系。

铁、藤芯，700mm×780mm×650mm，2007年

陈喆瑶　**骨头**

该作品将大“骨头”穿插固定在绳子上，打破以往常见的吊椅主体与绳子部分的拼接关系。同时，骑坐的姿势不同于通常的坐姿，强化了人与物之间的互动，使用者晃动的感觉与轻松、愉悦、充满乐趣的使用体验都是本设计的亮点。

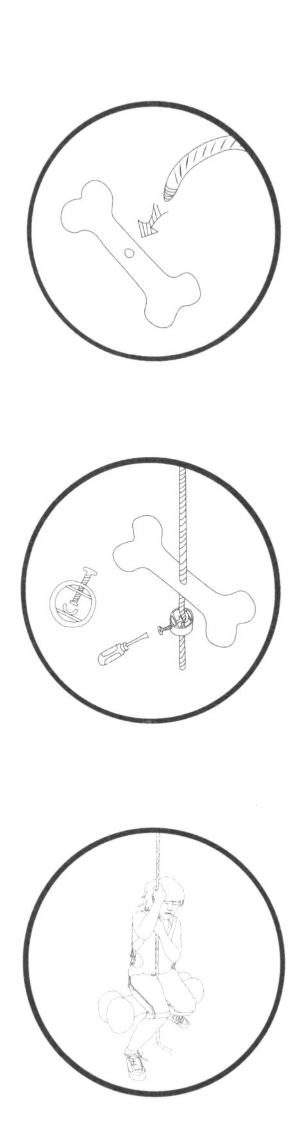

不锈钢，800mm×230mm×200mm，第3届优秀设计奖，2007年

铁桶沙发 林芳路

空置的汽油桶还保持着完好的材质性能，能承受200斤的重量，该设计在圆形中间裁切出够人坐的空间，配以软包所构成的沙发和坐凳，在制作上无需更多的技术手段，废油桶再利用，实属低碳设计一例。

铁筒、布、填充物，870mm×570mm×570mm，2010年

设计师对于自家上了红色大漆的老木条凳，还保留着一份亲情般的记忆，爷爷奶奶辈的家人自组织家庭后，已在这两张条凳上留下了几十年生活的痕迹，“好似一座纪念的丰碑”，纪念着由姻缘喜事而起的过往生活，设计师将它们换了一个形式，配以两个不同材质的废弃椅背，更有芸芸过客在这张椅子上呈现的历史人文信息。因此旧物改造除了体现出了功能上的再生，在人文情感上更是有着新物所无法比拟的审美与情感价值。

旧椅子，300mm×1000mm×800mm，2010年

孙童珍　**冷静**

46

作品采用了废弃的罐装“加氟制冷剂”作为坐具底部，让人坐在上面体会“制冷”的含义，冷静思考现代化工类产品一方面带给人们生活上的享受，另一方面也造成环境污染，成为易燃易爆的危险物质。正如产业经济发展与保护生态环境间的冲突与平衡，如何解决看似不可调和的两面性，以及人类造物与自然平衡的问题，是低碳设计所寻求的目标。

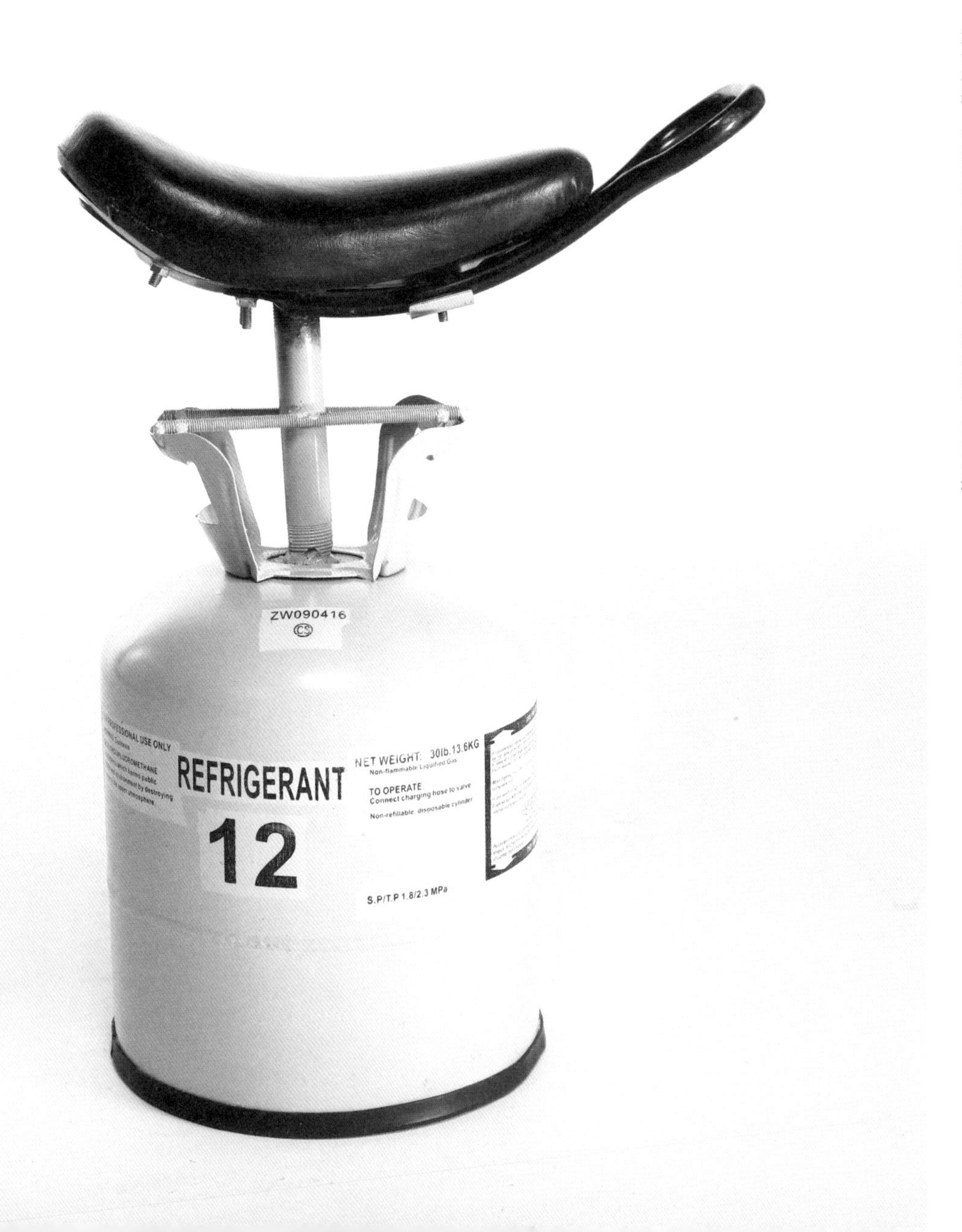

综合材料，300mm×300mm×400mm，2010年

椅子树　王瑞浩

这个作品在造型上模拟树的形态，展示了可以在一棵“树下”多人围坐的氛围，将现成的自行车座安置在高低错落的不同支点上，当人选择坐在一个位置上，周围的车座也对他的坐姿有辅助和支撑的作用，尝试着人在“坐”的需求上的不同位置。

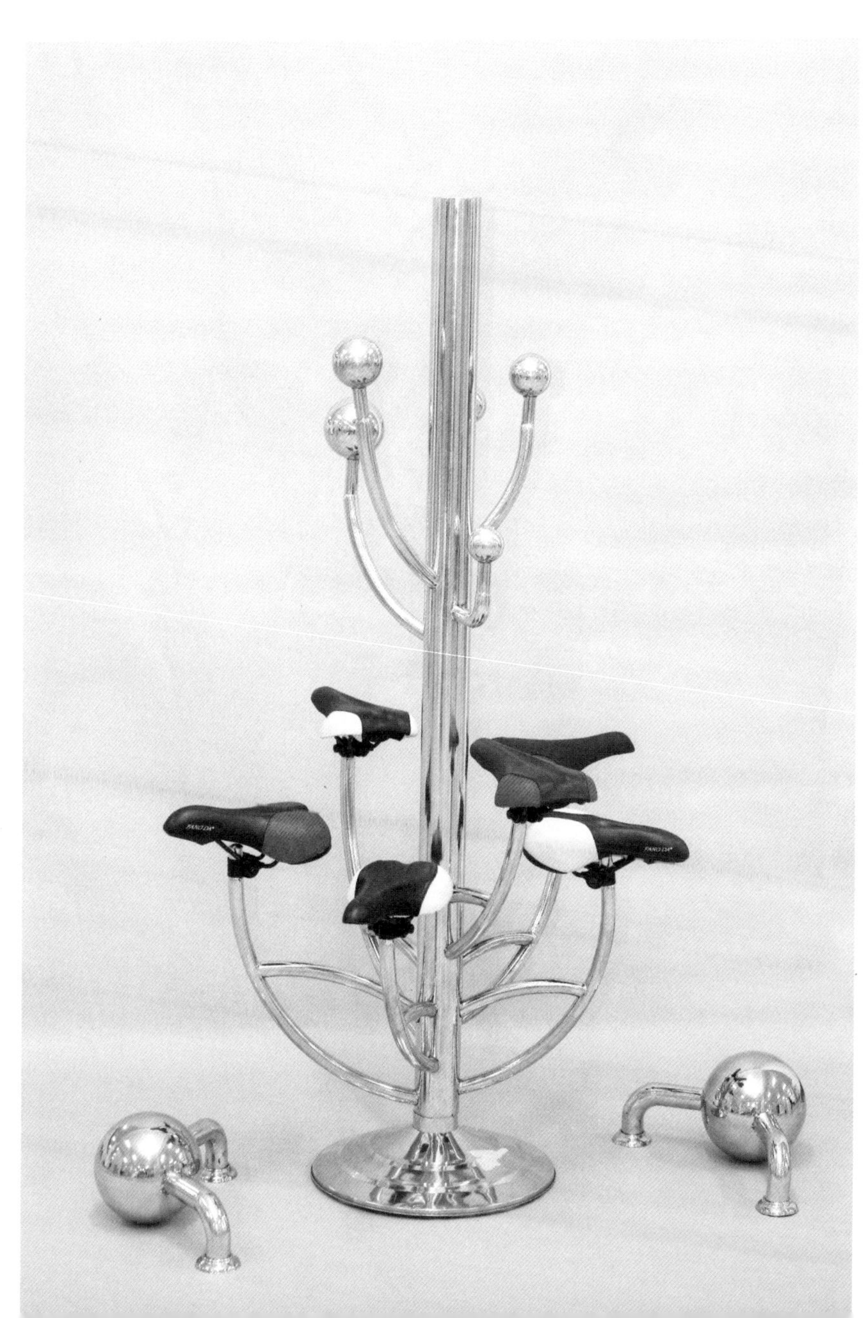

不锈钢金属管材、自行车座，500mm×500mm×1750mm，2005年

刘晓璇　**串**

这是获得第3届“为坐而设计”金奖的作品。设计的关键点在于单元形可无限复制，在不同空间和不同使用者的需求下，自由插接组合，随空间变化而变化，随人数多少而增减。在人们对“坐”的需求中，加入了自主的行为，以此产生互动的关系。在材料的选择上，采用天然藤材，进行手工编制，无需电力机械加工，安全环保，是适用于公共空间多人使用的设计作品。

藤，1050mm×400mm×450mm，第3届金奖，2007年

黄麻换塑料 Volker Albus

我们必须认识到使用塑料材料使我们可以用非常便宜的方式生产日常用品，同时工业产业找到了多种回收塑料的方法，用黄麻代替塑料是很有讽刺意味的。此设计使用整体成型的塑料座椅，用“合”的概念，将黄麻布套罩在塑料椅上作为替“换”的概念，将它们合二为一。

塑料，黄麻，900mm×500mm×800mm，2007年

楼照程　**与谁同坐**

这是个有行为观念的艺术设计，设计师只用金属制作了一张没有坐垫的圈椅框架，示意使用者可以借助任何景观中适合坐下来的地方：如植物矮墙、瓦砾石头堆等，把这张铁圈椅框架摆上，就能够获得如坐太师椅般的端坐姿势，既保留了中国传统的文化基因，又借鉴了西方行为艺术的观念，将传统设计与当代艺术合为一体，体现了互动的新概念设计。

51

铁，590mm×460mm×1000mm，第3届最佳创意奖，2007年

刘吴旭　**落叶·坐**

采用塑料袋作为收纳容器，里面装满东西后即可成为坐具。外出游玩时方便携带，可将落叶干草填充进去，临时成为可坐可靠的沙发，用后再将填充物拿出，还可做收纳其他物品之用。简单一个袋子，加上一个装袋的行为即可成为可坐之物，用极简物料、结合DIY互动行为，体现了一种绿色生活方式。

PVC、落叶、450mm×800mm×350mm、2007年

保鲜 唐然

真空是一种状态，它保存了物品在特定时刻所携带的信息及所呈现的样貌。借用食品包装的材料和手法暂存感念的物品。在这件设计中旧物换新颜，旧沙发又有了新生命，但同时对于旧家具的回忆的痕迹并没有被抛弃，而是依然存在于这件物品中。

铝模，650mm×650mm×700mm，2012年

Benjamin Hughe 折纸椅

使用瓦楞纸板设计而成，纸板材料安全环保、色彩鲜亮、形态活泼、轻便易挪，巧妙的折弯结构让使用者可以自行拼装组合，更能启发使用者参与、动手的能力，是一款非常适合小朋友的绿色设计。

瓦楞纸，300mm×300mm×450mm，2007年

报刊时代1# 李永玲

非常规结构、环保概念、实验家具设计，结构依据特殊的材料而设计，作品由一张金属板正反挂连多层报纸而成 。一直以来报纸都是大众传播的重要载体，这是一个可以阅读的座椅，除了传播信息也提供了坐的功能。

旧报纸、金属零件，350mm×600mm×340mm，2009年

这是获得第2届“为坐而设计”最佳创意奖的作品，其创意点在于利用过去电工爬电线杆用的、随身可携带的登钩工具，延伸了它的坐具功能。使用者可以携带着它，到树林里选择一棵要登高的树，勾住树干就可一步步登高，坐在高处观赏美景，是设计师的设计愿望。

电工登杆钩、羊皮，150mm×150mm×450mm，第2届最佳创意奖，2005年

石大宇 **椅刚柔**

作者多年来致力于研究开发竹家具系列，作品获得多项国际设计奖。他对竹工艺中的材料、结构、生产方式、运输等环节加以深入研究和设计改良，将当代设计的“可持续性”“环保”“减碳”及符合当代的实用性原则与传统明式家具“简、厚、精、雅”的设计美学完美结合，形成他独具东方韵味的设计风格。这是一张可堆叠的全竹制圈椅，这款设计运用榫卯结构，使之符合现代生活。

竹，692mm×545mm×813mm，2013年

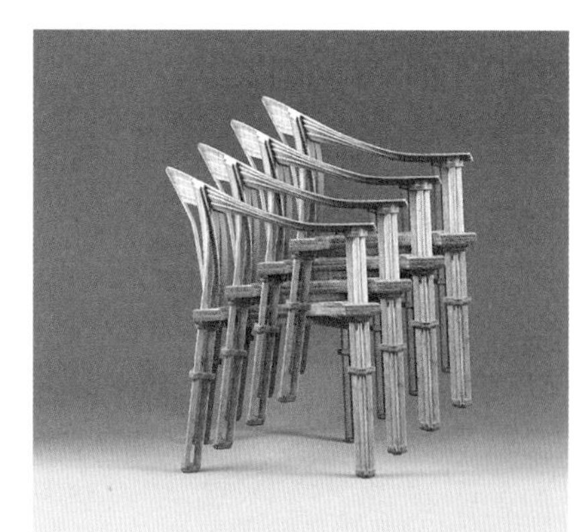

竹墩 Felix Gramm

这是一位德国设计师的作品，在西方人眼里竹是东方特有的植物，是可以与木材相媲美的天然速生材，又承载着东方文化的美学内涵。近年来竹产品备受西方热爱自然、保护环境人士的追捧。设计师在中国对竹编工艺做了短期的修读，感悟到竹编质朴无华的工艺特征。这件作品在造型上像是压扁的竹篓，在它中空结构上做了加强筋的设计，使其能承受住人坐上去的重量。

藤，500mm×400mm×250mm，2007年

高扬 **烟盒**

一件作品背后总有些故事，历时200天的收集，3000个被遗弃的烟盒加上60天的制作经历，这就是这件作品所要表达的一部分，即设计师的对烟盒收集过程，也是作品的设计思想的核心，设计师用这件作品表达了自己在抵制一种不健康的生活习惯。

烟盒，亚克力，900mm×500mm×800mm，2013年

纸凳 阚颖

刨去环保、节约能源的大光环，童年折纸的经历使青年设计师萌发了用书纸做产品的念头。虽然这是个偶然的机遇，但也是设计的魅力，身边熟悉的材料最能启发设计师，爱生活爱设计爱动手的设计师一定能设计出好作品。

书纸，300mm×300mm×210mm，第1届优秀设计奖，2002年

陈晔 **鞋带椅**

采用现成的橱柜金属篮筐作为坐具构架，设计师亲手用多彩鞋带编制坐垫，在视觉上给人温馨愉悦的感受。工业现成品的置换设计，给指向性相对单一化的工业化批量生产的零件，寻求到更多的应用天地，也是创意设计令产业化剩余产品得到新生的另一个设计途径。

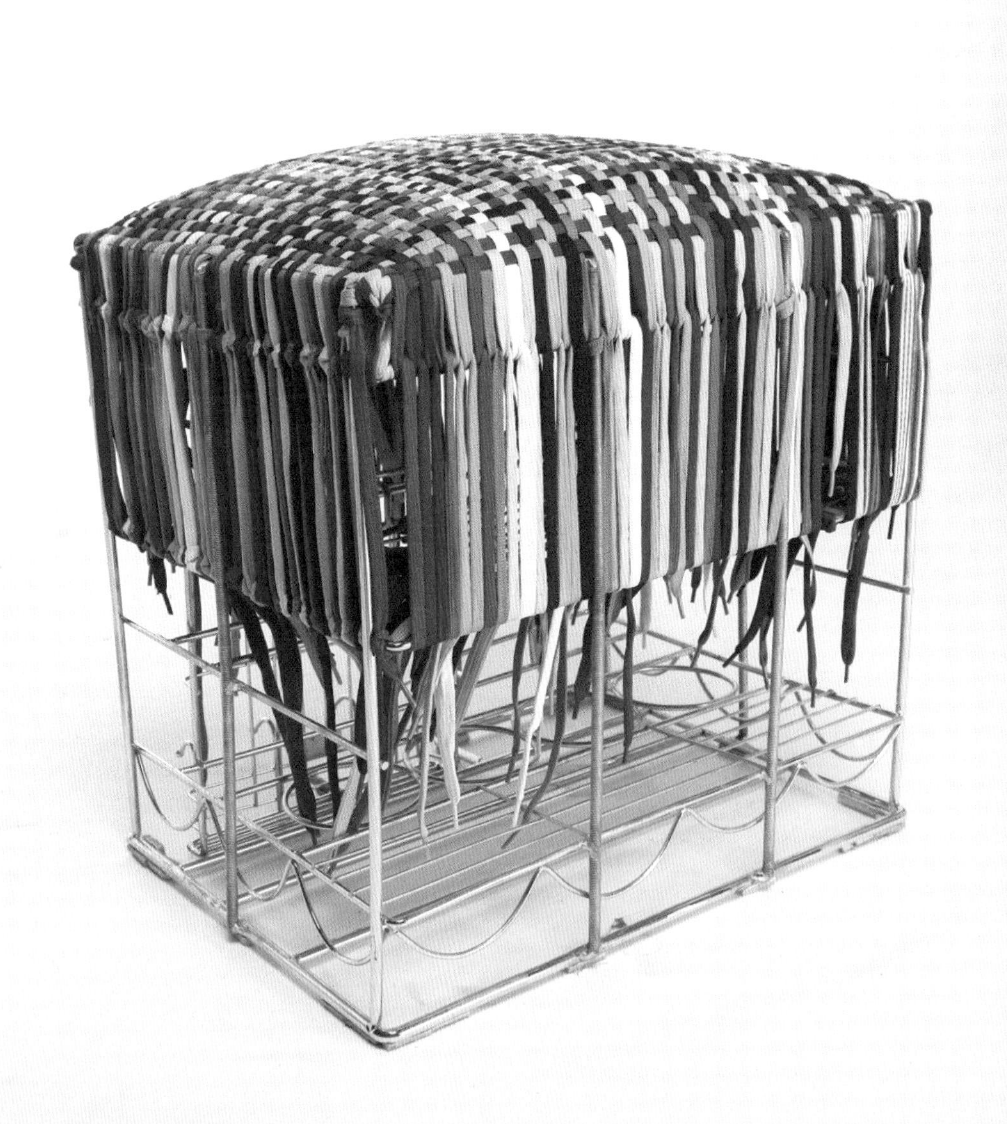

橱柜金属篮筐、鞋带，250mm×350mm×450mm，2010年

凳 石晨博

用于包装的牛皮纸筒，在包装功能结束后，即成为可回收物，再重新粉碎还原纸浆再造纸，也称再生纸。再生纸的加工过程，虽然在原料上实现了资源保护的概念，但再生加工过程仍然有石化煤炭等能源的消耗，仍会对环境清洁造成一定压力。直接利用结构还保持完好的包装纸筒作为支撑体，配以硅胶玩具彩球，其弹性和柔软度正适合坐下去的舒适感。在纸筒和纸筒之间采用常规的螺丝拧紧即可。

纸筒、彩球，350mm×350mm×350mm，2010年

"神马"是由收集回来的废弃饮料瓶改造而成的摇摇木马，用最自然有趣的方式来实践绿色生活方式。利用密集平均受力的原理，巧妙地将塑料瓶旋扭到木马身上，重新赋予它们新的生命，可供2岁～10岁的小孩子使用。"神马"以充满童趣和幻想的方式让人们知道，环保也可以很时尚、很有创意。

石川　**神马**

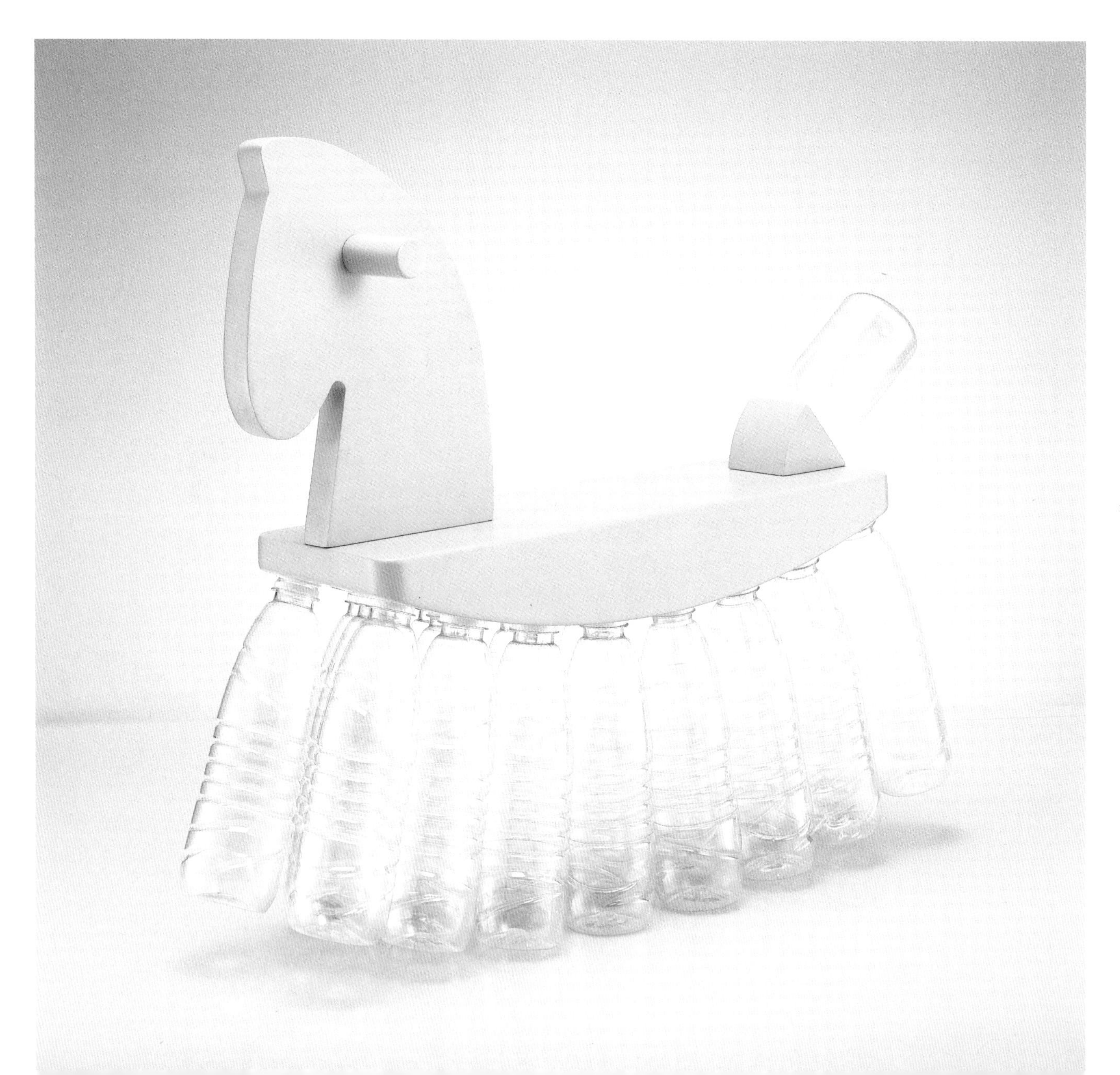

木、塑料，100mm×300mm×300mm，2010－2011年

灭火器凳　郭斌

这件作品是由自行车座、报废灭火器和汽车刹车盘三个部分巧妙结合，延续了报废灭火器和车座的功能，利用略带锈迹的刹车盘的稳定性，做成一款小型的短时间坐具，它通过设计发挥了废旧物品的最大价值。灭火器醒目的红色更给人以强烈的视觉效果。

报废灭火器、自行车座、废刹车盘，90mm×90mm×400mm，2010年

沙滩卷椅

王嘉伟
李宗杰

这款设计是给去沙滩旅游度假的人们提供的一种简易的、解决坐的需求的方式。一张塑料软片，卷成圆筒或锥形筒，里面装上沙粒，即可当成一个小凳子来坐。用过之后，沙粒倒回沙滩上回归自然，塑料片还可以用于其他功能或循环利用，不产生垃圾，对环境没有任何负担，这个设计真正体现了人与自然友好的关系。

塑料、沙，400mm×400mm×650mm，2011年

报纸沙发　张剑

团在一起的旧报纸收纳在一个网兜里，可以让使用者动手DIY一个自己独特的小沙发。报纸作为一个具有高度时效性的印刷品，在日常生活中不知不觉便会积攒出许多，这件作品中，把“再利用”与“揉纸团”两种行为相结合，通过简单的材料，将废弃报纸的处理趣味化了。

尼龙绳、废报纸，650mm×650mm×330mm，2005年

历经千年的发展，家具的形态随着人的使用需求发生着改变，由“席地而坐”到“垂足而坐”……直至今日设计师仍在不断思考如何设计出更为体贴、更具创意的产品来满足人们日益改变的需求，或者是更早地嗅探到下一个大变革时期，从而引领人的生活方式。

“为坐而设计”这一概念的提出对许多设计师或相关从业人员而言是一种引领，将其从只注重形式的跟随或演变中抽离。换一个视角由人的行为出发进行思考，即“坐”的行为。这样一想脑海中浮现的便再也不是那把一个座面四条腿儿的椅子，而可能是各种各样姿态各异的人。以及在人的活动行为影响下所产生的不同功能形态的产品。

近年来，随着城市建设进程的日渐加快，城市景观设计及公共艺术专业迅速发展，具备艺术及文化属性的公共设施对于城市或区域形象的提升起到巨大的作用。公共设施涵盖的内容范围比较广，除了解决部分功能需要的“城市家具”外，还包含具有区域地标性及艺术性的景观、雕塑。当下，在人们的生活中不难发现身边有不少极具美感的建筑及雕塑，然而户外座椅等户外家具则显得粗制滥造。不仅造型千篇一律、乏味，同时功能及结构均欠琢磨。

“坐与公共空间”——第4届“为坐而设计”大奖赛提出了这样的命题，旨在讨论在公共空间内（包含室内与户外）公共设施对空间以及人的影响。“为坐而设计”作为极具实验性及学术性的设计赛事，注重对人的行为、情感及关系等问题的讨论，该主题旨在引发设计师重新审视空间、人、产品三者之间互相作用的关系。人与产品，在此“产品”泛指广义的公共设施，其中包括公共座椅、户外雕塑、儿童游乐设施等。具备单一功能的户外产品已无法满足人们的需要，具备更多功能的产品形式被提出。如：在提供成年人休息功能的座椅旁附加儿童玩耍的功能，既能保证儿童不远离父母的安全视线又能为其提供短暂的休息。产品与空间，在大多公共空间内，无论是室内还是户外，公共设施作为空间区域的划分与功能定义的符号出现。同时也可能成为空间中的点缀，提升整体美感。人的行为活动区域也会由公共设施所引导。

除了第4届的比赛中所呈现的大量户外座椅作品外，其他5届的参赛作品中也不乏大量对公共座椅的实验性探讨。这些作品大致体现出以下几种思路：

材料的特殊性：因使用空间的特殊要求，往往需要考虑到风吹、日晒等自然因素对其使用寿命造成的影响。在户外座椅的选材上大多选择金属、石材或经防腐处理的木材等具有一定的局限性。材料创新及材料的搭配使用成为一种设计思路。

特殊人群的考虑：随着社会文明程度的提高，在公共空间中我们经常会看见为残障人士或老年人、儿童所设计的设施。“为坐而设计”的设计师也关注到这样的人群需求，从各自的角度为其设计出辅助性部件。

公共空间的定义：作为区域区间的点缀，具有标志性造型的公共座椅往往能够起到如同雕塑艺术品的效果。可提高区域的整体想象，同时也可传达该区域的理念。具有功能属性的景观雕塑可满足人的诸多功能及行为需求，可能又一个拍照留念的好背景就这样出现了。

人与家具的互动：家具的基本使用功能已经无法满足人们的行为需求，与家具的互动可以满足使用者的情感需求。这种强调人与物的交流在产品创意中得到应用，对于公共家具设计而言，产品的附加值得到了提升。同时使用功能的丰富性也提升了人的参与性。

人与人的互动性：与民用家具不同的是，户外家具不是供私人使用的，经常会与陌生人共同使用。设计师由这样的现象入手通过不同的视角对此表达自己的观念，如通过座椅造型的设计控制使用者的使用方式，从而促进陌生人产生交流；在公共空间内提供具有相对私密性的个人空间用于阅读等行为需求；通过运用如跷跷板等简单的机械结构满足人与人互动交流的需求……

“为坐而设计”作为中国原创设计的推动者，不断提出新的概念，以更为学术的态度为行业及社会整体的发展提供理论支持及方向指引。这样的探讨在中国当下高速的发展状态下是极为必要的，回归人的本体，反思自身的实际需求是大赛所坚持的理念。这样的思考和讨论不仅局限于设计师和行业从业者，更是面向大众的。这种以产品为媒介表达理念的展览与传统的艺术展的最大区别便是大众的参与性及可读性。在此希望更多的人能够参与进来，一同提高我们的生活品质。

王文惠　赵娜
赵柏桥　杨霄
朴中备　于超然

边际—南锣鼓巷

作者对北京南锣鼓巷的道路及公共设施做了相应的调研，试图用公共座椅解决南锣鼓巷非法停车以及缺少公共设施的问题，是个具有社会责任心的设计，抽象概括的老屋檐形式既融合了南锣鼓巷老城建筑整体风格，又能实现多元的功能需求。

藤不锈钢、漆，2550mm×500mm×580mm，2200mm×600mm×650mm，3420mm×860mm×700mm，第4届优秀作品奖，2009年

侯晓晖　**模数**

该作品是第4届大赛金奖作品。它取材于中国传统老家具——长条凳，对于很多人来说，这种坐具象征着一段回忆、一种风格、一种生活方式……作者将数字化时代的模数概念运用到作品当中，通过重复和镜像使传统长条凳产生了新的形式特征，同时提供了多种坐的行为，可坐、可骑、可躺、可倚，可以满足人们在公共空间中独处或聚集的各种需求。

木材、漆，5000mm×1800mm×850mm，第4届金奖，2009年

凝　尹春杨

作者将独立的三块石头用流水般的不锈钢贯穿起来，石材在制作时保留了自然表面，与镜面不锈钢产生了鲜明对比，观感上一轻一重、一刚一柔，形成了材质与形式的和谐美感，石头与不锈钢的持久、耐磨的特点很适合作为户外景观和公共座椅使用。

青石、不锈钢，2500mm×580mm×460mm，第4届银奖，2009年

齐进 **卵生**

该作品被评为第2届大赛金奖，反复打磨的大理石产生了令人愉悦的光滑触觉体验，鹅卵石形态的大理石表面巧饰的卷草纹理赋予作品东方韵味，石头内部凿空，设置光源，既是落地灯也是坐墩。整个作品给人一种典雅、温暖的舒适感。

石材，1000mm×400mm×400mm，第2届金奖，2005年

旋涡之一　郑路

作品表面用近万个3cm ~ 5cm不等的不锈钢条焊接而成，不锈钢条随着形体的变化排列，在两端形成旋涡式的韵律变化，精致耐心的焊接工艺形成了丰富的镂空视觉变化，圆润饱满的形态语言给人一种厚重扎实的感受，是一件亲和力很强的具有雕塑美感的作品。

金属，1700mm × 630mm × 550mm，第4届最佳制作奖，2009年

路倩 **换“坐”**

作者将椅子作为花盆，而将花盆变成了人的座椅，试图用这种方式表达人类与自然界的相互依靠和平等的关系，花盆上的木盖可以掀开，里面可以放置随身物品，是个比较实用且有观赏性的作品。该设计结合盆栽绿植，适用于室内公共设施的设置。

木材、漆、植物，370mm×520mm×870mm，第4届铜奖，2009年

郎朗 Enjoy change

六边形的扶手实际为一个可以滚动的装置，座面由原木、藤编、仿造草皮三种不同材质组成，滚动座椅时人们可以体验到三种材质给人的不同感受，这种可变化性给人更多选择，既有趣，又有很强的功能性。

不锈钢、竹藤、木材、草皮、人造材料，750mm×910mm×800mm，第4届银奖，2009年

落入凡间的星座 孙雷

作品由玻璃钢翻模制成，4个点作支撑，内有钢架做固定，外做青铜效果，玻璃钢高强度耐腐蚀的特性很适合作为户外家具。流畅圆润的形体增加了作品本身的亲和力，可以满足骑坐、侧坐、盘腿坐等不同使用方式。

玻璃钢，1800mm×1800mm×500mm，第4届优秀设计奖，2009年

Frog Bench

连芝银
王珂

青蛙形态源于荷兰插图画家马克思·维尔修思童话故事中的主人公，而罗圈腿、圆滚滚的肚子、翘翘的屁股灵感则来源于作者的小女儿未满周岁时的样子。圆滑的表面以及椅子的高度非常适合作为儿童公共座椅，乖巧有趣的卡通形象易于激发儿童的兴趣，即是玩具也是个座椅。

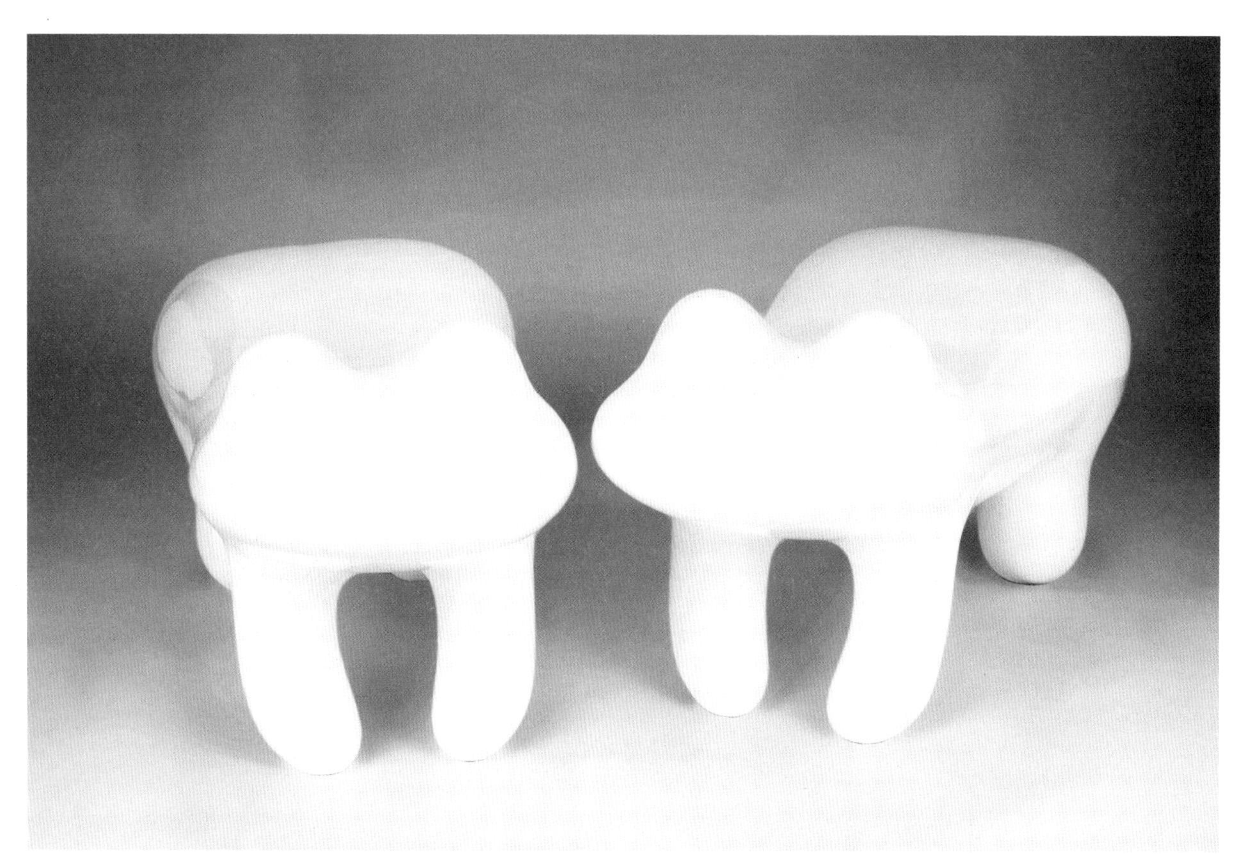

玻璃纤维、亮光漆（白、粉、绿三色），830mm×390mm×420mm，2011年

Coffee Chairy 肖天宇

这是为咖啡店设计的户外座椅，椅子的形式是由人坐在凳子上的形态而来，作者希望当人坐下时产生一种背靠背踏实温暖的心理感受，三把椅子像三个人“陪伴”着来喝咖啡的人，是个很暖心的设计。

玻璃钢、漆，800mm×450mm×1200mm，第4届优秀设计奖，2009年

壁纸，5000mm×450mm×2000mm，第4届铜奖，2009年

作者将虚拟软件中的镜像与复制手法运用到现实环境中，将椅子的凳面连接到墙面，用插画的形式画出座椅靠背，营造出一个柔软布艺的温馨氛围，将透视原理与视错觉相结合，增强了椅子与使用者感官上的互动性。

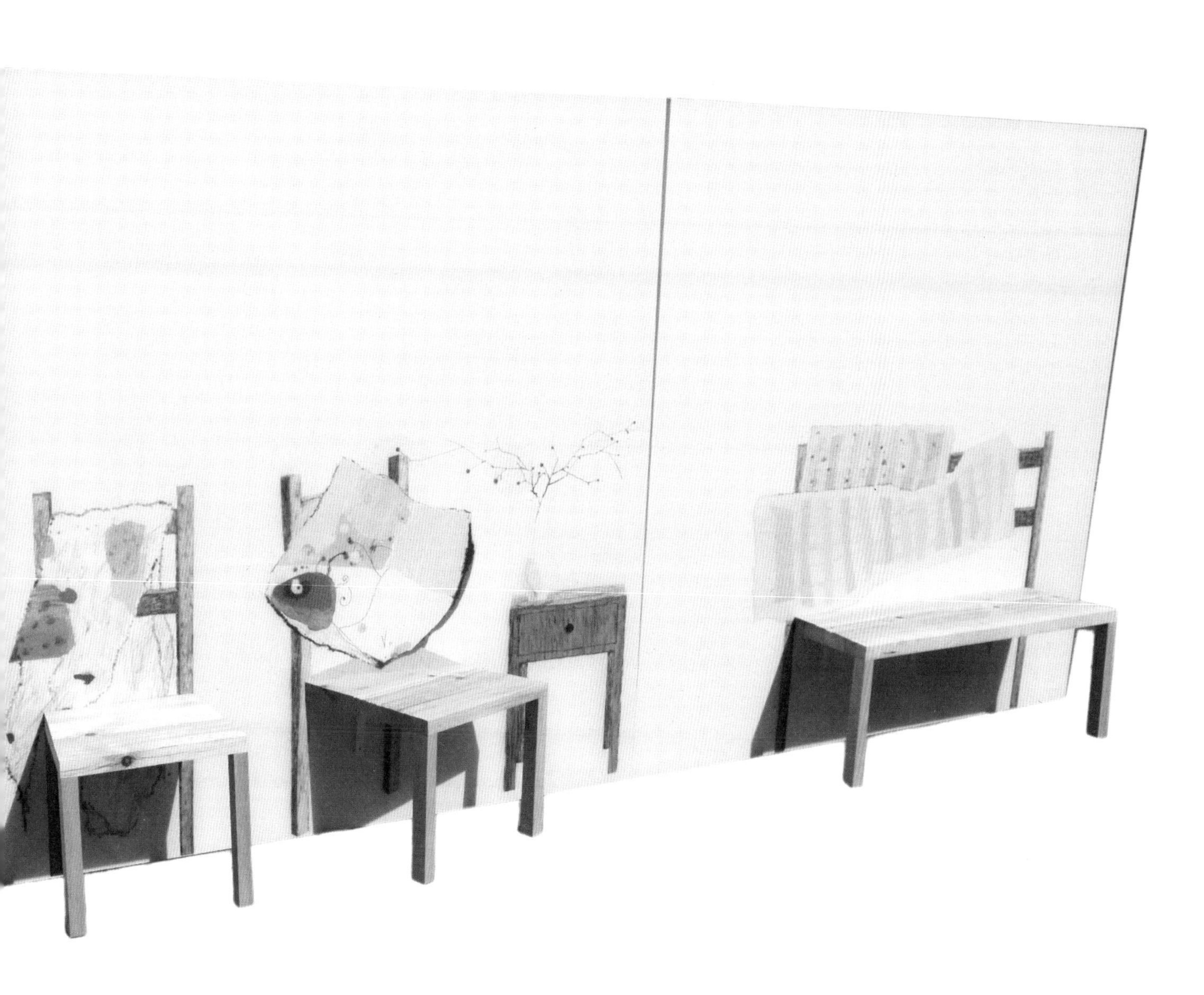

仇宏洲　长在一起的石头

作者试图用一种哲学的思维表达“生长”的某种概念，藤编材质使作品体现出缓和饱满的形态，流露出一种微妙的仿生感；再辅以藤条的自然色泽，尤其将它置身于大自然的氛围中时，很像两个“长在一起”的巨型鹅卵石。作品本身的形态以及尺度比较适合在公共空间中短暂休息的需求。

藤，1800mm×600mm×300mm，2007年

孔雀椅　李福清

作者是个18岁就开始学徒的钳、焊工，受博托亚（BERTOIA）设计的“钻石椅”启发，用娴熟精湛的金属焊接工艺令人耳目一新地诠释了Panton椅，金属丝网格结构加以金属镀鉻工艺展现出了金属轻盈飘逸的精致感。

不锈钢，650mm×460mm×900mm，第4届最佳制作奖，2009年

王若冰 刘玉佳 四方连续

马扎与伸缩的结构相结合，座椅可展开，供多人坐，根据使用人数多少展开，不用时收起节省空间，提高了空间的利用率。放置在户外公共场所中可供多人围坐聊天、打牌下棋使用，不用时收起保持公共场所空间的整洁。

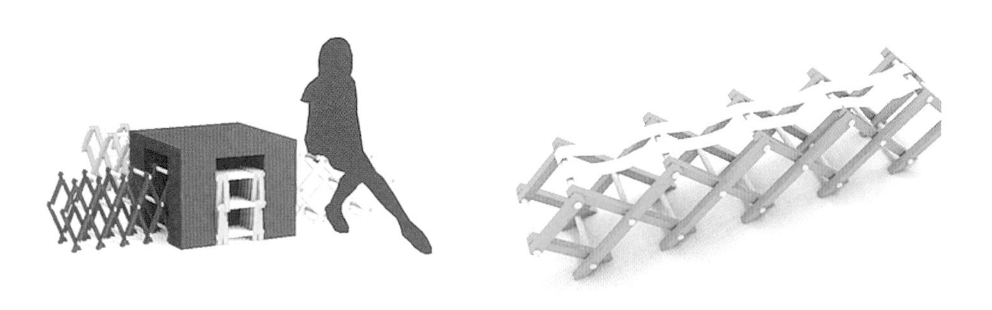

木材、布、漆，展开2700mm×2700mm×500mm，合起1000mm×1000mm×500mm，第4届最佳创意奖，2009年

动

王萌萌
申佳鑫
李朵洋
佘洋
李博

这件作品用坚实的铁框架支起，吊挂几个帆布袋，人坐在布袋里像荡秋千似的，可晃动取乐。顶端的铁杆采用秤杆原理，需要两个人同时坐下才能保持平衡，增加了坐的娱乐性。该作品如果放置在户外，需考虑更换布袋部分的材质，使其更能适应户外天气变化的因素。

钢架、篷布、皮革、尼龙绳、弹簧钩，1500mm×1500mm×2000mm，2005年

很显然作者对“坐”有着更宽泛的理解，“坐”并不只是弯腰屈腿臀部接触于某种器物上的休息行为，也可以是把身体粘挂在墙壁上实现缓解腿部劳顿、达到暂时休息的目的，此种表达方式确实很独特也很有趣，作品提出了一个极具创意的概念。如若公共空间的墙面和绑在身上的腰带在材质上得到呼应，不失为一种“挂着坐”的方式。

李世奇
刘娟

墙椅

尼龙拉扣，4000mm×100mm×2000mm，第1届优秀设计奖，2003年

89

自动化公交亭座椅

郭建东
米强强
潘洁
吴栩怡

该设计考虑了公交亭座椅的暂时性需求特点，整合了几种科技资源，将座椅与公交亭立面相结合，通过红外感应可自动收放椅面，保持椅面的清洁以及整体外观的整洁，以符合城市生活的特征。

钢架、亚克力、照明灯具、电机、红外传感器、微波传感器、电路系统，1260mm×1600mm×2350mm，2009年

为了改变人们对钢筋混凝土的生硬印象并拓展其新的应用途径，用塑料水瓶做模具翻制出单元形体，发挥了混凝土坚固防水的特点，制作出了适合室内和室外使用的公共座椅。随着混凝土工艺和混凝土种类逐渐增多，如泡沫混凝土、自愈混凝土等，设计师对其实验性的设计所关注的城市生态环境与可持续发展表现出了社会责任感。

王豪　C'est bon

可乐瓶、水泥，1950mm×600mm×480mm，第4届优秀设计奖，2009年

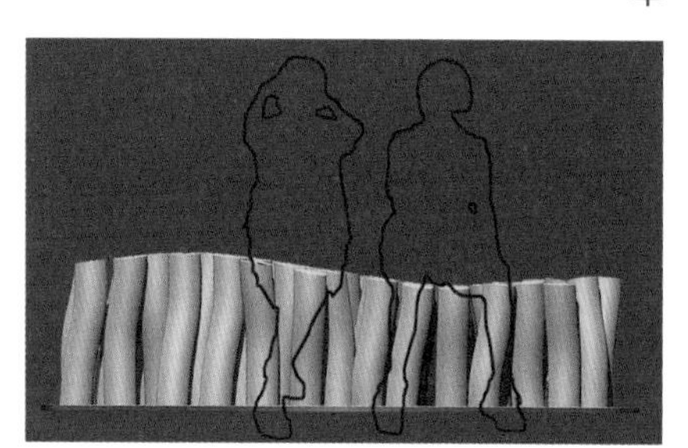

跷椅 吕游

作品用跷跷板原理设计的户外休闲用椅，增加了人与人的互动性，在“坐”中产生乐趣。坐面的设计尺度较大，坐上去有回归儿时的娱乐心情，同时镂空的设计具有形式美感，雨天也可漏水，适用于户外。

不锈钢，木材，3370mm×900mm×1140mm，2009年

旋转椅

郑雪君
王菁
杜振博
尹雯雯
田淑珍
辛乃伟

这个作品的亮点是可旋转收合的结构，长凳旋出时可供多人围坐，收起时节省空间，长条形的椅面既可以提供多种坐姿的需求又可以当台面使用。不同高度的椅面也适合不同身高的人使用。格栅的设计简洁，也有漏水的功能，适合户外使用。

金属、木，2100mm×2100mm×610mm，2009年

粉红年代 孙雷

作者用鸟笼的形式围合出了一个公共环境中的封闭空间，隐喻人们在社会中某种自我封闭的心理状态，施以暧昧的粉红色，暗示青少年身上反映出的一种性别模糊性。顶部有灯，夜间可照明，并通过投影可营造一种魔幻气氛，是个很具有戏剧性特质的作品。

金属、喷漆，1240mm×1240mm×2100mm，2009年

林晓曦　**车**

在当今资源紧缺的时代，再利用是个很有意义的环保主题。当今，报废汽车的处理引发了许多问题，受到了社会广泛关注。作者截取报废的奔驰e230后车身的一部分改装成了一个沙发，既舒适又很环保，同时带有一种幽默感。

报废车尾部、革、海绵，1800mm×750mm×650mm，2009年

In the Grass 周越

作品形态是个被抽象放大的蚂蚁，作者试图用蚂蚁形态的草地椅来表达世界和人类的某些关系，人如同蚂蚁一样在这个世界上是非常渺小的。抽象提炼出的方体形态实现了“坐”的功能性，黑白两色强烈的对比在公共空间中非常醒目。

钢质框架、实木、表面喷漆，850mm×540mm×620mm，2009年

挂

李波
张弘
高星

这个作品外挂在校园操场的外墙上，巧妙地借助了墙体作为支撑，用挂的方式呈现了椅子的功能性，减少了公共空间的占用，改变了人们以往对椅子的认识，是个情理之中、意料之外的创意。

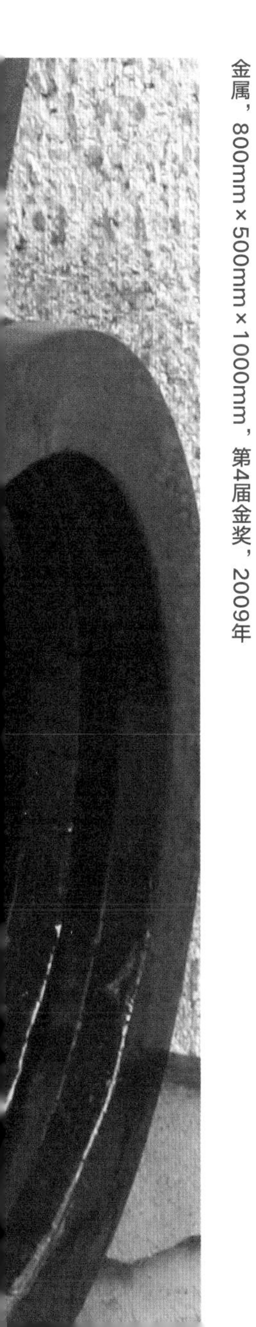

金属，800mm×500mm×1000mm，第4届金奖，2009年

易雪　Picnic

作者在近40cm等高的近似长方体上画了一张柔软舒适的扶手靠背椅，用视错觉的语言有趣地将二维绘画与坐具结合，试图用室内常见的扶手椅现象幻觉，让人们在一个简单的长方墩上找到如坐在欧式扶手椅上的影像，是一件具有调侃意味的趣味设计。

木材、板材，2970mm×1000mm×320mm，2009年

回归 曲婷婷

作品灵感来源于木鱼，虽然形式上已经看不出和木鱼的直接关联性，但饱满敦实的座椅形态很有亲和力，椅面上很多凸起的小包增加了人们的触感体验，高低不一的尺度像“一家三口”，摆在公共空间环境中可添加一丝温情。

木材，大650mm×650mm×450mm，中600mm×600mm×350mm，小350mm×350mm×250mm，2009年

倚

王硕志　李红
王兴华　刘琛
朱昀炜　张昊
李鸿儒

可以供人们在公共空间中短暂休息和停留。基本形类似梯子的形式，可倚靠在墙体上作临时支架成为坐具，此设计的4条腿分别以地面和墙面为支撑点形成斜靠在墙上的状态，每个支点设有防滑橡皮垫，加强了与接触点的摩擦阻力，使其具有更好的支撑力和稳定性。

藤，500mm×300mm×1000mm，第3届最佳创意奖，2007年

101 地铁清洁工爱心椅

王翊人
游东和

设计构思来源于一则题为“深圳清洁大姐有空位不敢坐，说领导看到了要罚款”的新闻报道。针对地铁车厢这一特定场地，利用车厢里的立柱，设置可拆卸座板，既能折叠，又方便携带的结构，设计巧妙，有推广的可能性。这是用一种有效的设计成果关怀到特殊人群，体现了设计师的社会责任心。

不锈钢、胶合板，折叠550mm×280mm×45mm，展开380mm×280mm×400mm，第6届最佳制作奖，2013年

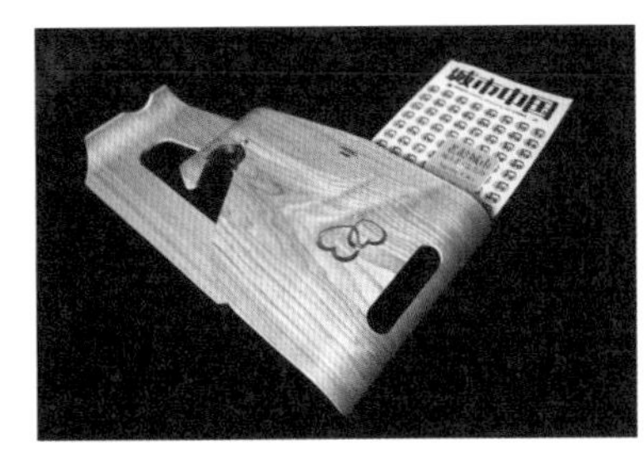

拉链椅

彭钟
杨涌
夏庚旺
刘坚

作者以在商业购物广场使用为目的，以拉链为元素设计了这个大型公共座椅，拉链的咪齿是可以移动的椅子，可拉近可推远，适合不同使用需求。日常熟悉的微小拉链被放大之后产生了强有力的视觉冲击力。

不锈钢，12000mm×2000mm×7000mm，2009年

103 **切片** 李震

作品像草皮翻起舞动狂欢，接连起伏的形态形成了座椅。座椅功能设置适合双人对坐、单人使用以及儿童玩耍，材质为金属钢架及塑料草皮，与户外环境比配，但塑料草皮易损，需经常更换。

不锈钢，10000mm×500mm×600mm，2009年

钞子艺
陈斌

可动坐椅

X型交错的结构设计最大化地利用了空间，有很大的自由和灵活度，拉开时提供更大的使用空间，可供更多的人休息使用，收起时节省了公共空间的面积，满足人们休闲的使用空间需要。

不锈钢，亚克力，6000mm×1500mm×500mm，2009年

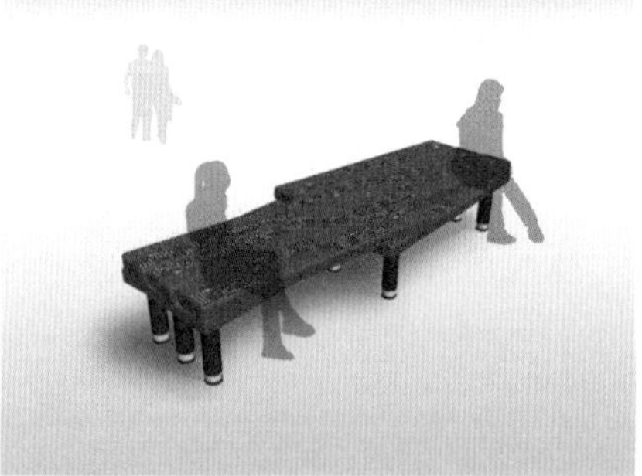

弹弓椅　尹迪虎

作者将弹弓与儿时美好回忆相关联，把儿时攻击小鸟的武器转换为座椅，试图表达一种保护自然的环保主题，作品中座面的材料使用了废弃的车胎内壁，既贴合了主题又很实用，弹弓独特的造型形成了一种新奇的公共视觉，具有娱乐性。

不锈钢、尼龙绳、橡胶，1100mm×900mm×2100mm，2009年

李辉 **柱椅**

作品在不使用的时候可以成为分割空间的柱状景观，使用时通过下滑外侧立板形成一个三角形支撑供人休息。作者考虑到公共环境人流大，不适合人们久坐逗留的问题，减小坐面面积，弱化舒适性，满足人们稍作休息就离开的需求。

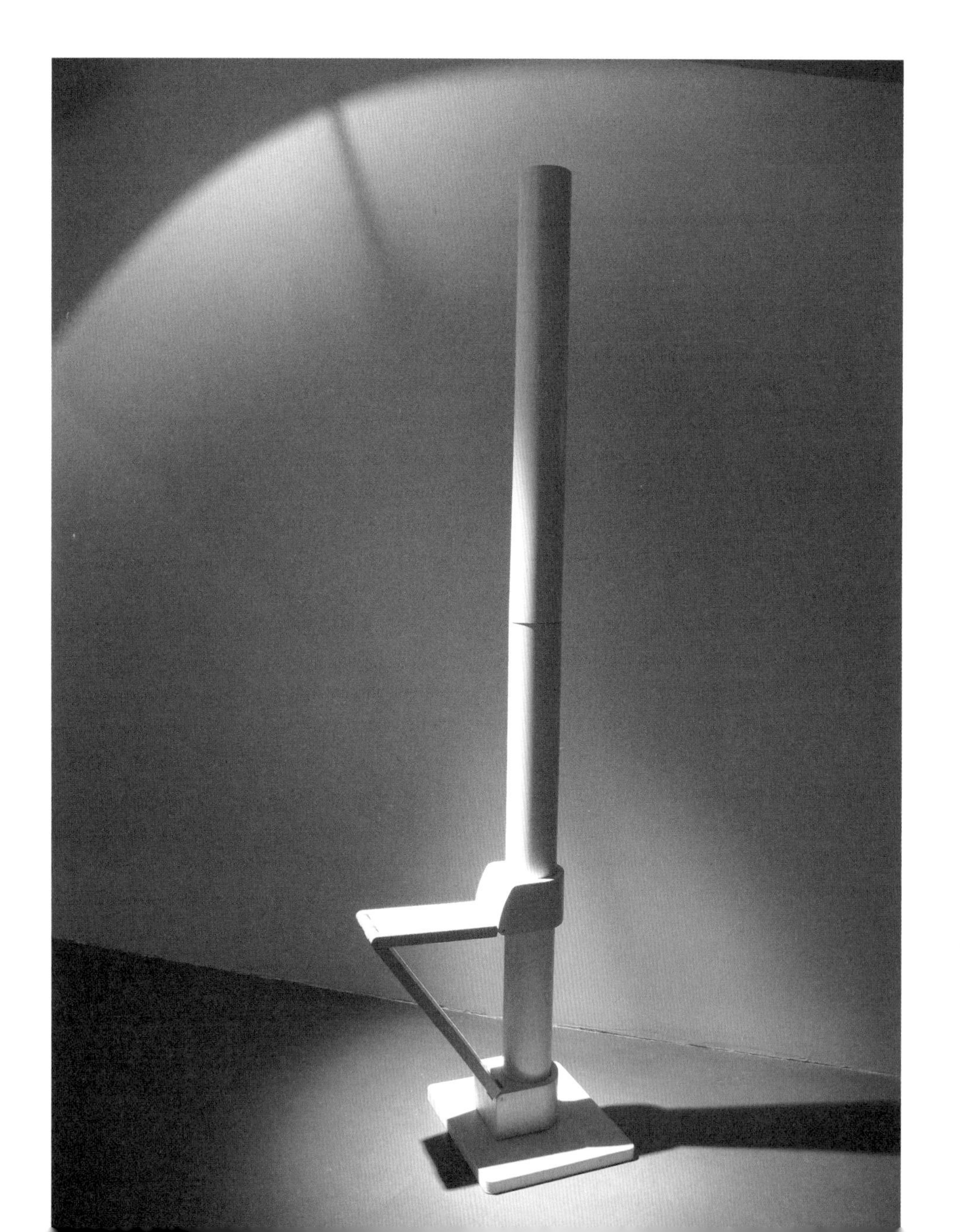

硬质塑料，钢，400mm×100mm×1100mm，2005年

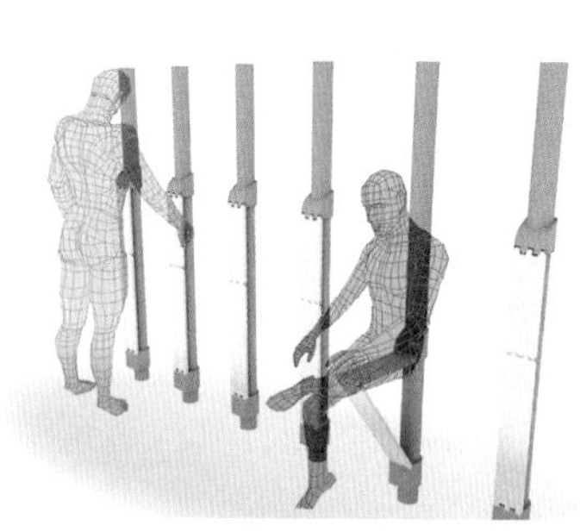

挂起来的凳子　张伟

作品由4张长凳用铁链连接到可以悬挂的1根收纳柱上，人们可在公园中随美景搬动长凳，用过之后挂回收纳柱，保持整洁，同时竖挂的状态可以避免炎热的季节椅面过烫的现象。随意可搬动的公共设施虽很人性化，但要求使用者有较高的自觉公德心，鉴于此，拴有链条的设计可避免长凳的丢失，易于管理。

木材、金属、漆，展开5000mm×5000mm×2050mm，闭合1000mm×1000mm×2050mm，2009年

坐与……

Volker Albus　　吴卓阳
张婕（译）

“坐”这个词通常被我们描述为身体的一个特定姿势。坐着的人，他们的身体相对地处在一个静止的状态，大多数人的坐姿都不会持续太久。坐姿是一种让人完全放松的，或者至少是感觉没有压力的姿势。就坐姿的技术层面而言，这个主动行为（或者被动行为，如果人们想要这样表达）很容易理解：坐下的人轻微弯曲膝盖至臀部落坐在一个高度约 40 厘米的支撑物上， 通常是一个水平面上为止。在此笔直而“坐”，身体就能够很好地处于一种平衡状态。从几何学来描述，坐姿呈阶梯状，即小腿和上身垂直于地面，大腿至臀部平行于地面。“坐”的舒适性不仅可以通过坐下的人主动寻找一个适合的臀部姿势来提升，也可以通过与座椅接触部分的各种倚靠可能性来提升。比如对背部来说，可以为其提供一个个体感知舒适度不同的、特定材质的靠垫，或者为其设计符合人体工程学的形状。基于此，理想的状况就是提供一把椅子或者一个沙发椅，如同我们想象的那样。如果专业设计师在设计时仅局限于考虑肢体造型和传统坐具的舒适程度，如板凳、座椅、沙发椅、长凳和长条沙发（仅对这些最普通的坐具进行命名）的造型，至少从形态构图层面考虑，这个设计就是相对一目了然的。

然而“坐”并非只是一个机械的体操动作，针对这种行为所研发的家具也绝非只是一个支撑框架，仅仅让人坐上去感觉舒服就可以了那么简单。坐具以及“坐”的行为都是一种极其复杂的现象。坐不仅仅应该被视为一种孤立的、以身体为中心的、“安置”有形的自我的行为，而且还要把它和具体的环境或行为过程联系在一起。

P1

也许除了设计工艺和加工工艺需求之外，上述这两个方面对设计研发的影响最为久远。因此，不管是什么，以怎样的方式被感知、被看到或者被理解都不仅与社会环境有关，而且与文化环境有关，并一直处于持续不断的变化之中。如果把坐以及在坐的过程中完成的某一活动，如工作、就餐、阅读联系在一起，那么就出现了众多重要的、令人难以置信的传统概念。无疑，正是从人们日常生活的基本行为中一系列的基础状况才得以被发现，这些基础状况在其共同作用中也就引领了一个行为框架，由此也就引领了设计。但恰恰是这些“基本行为”，如坐在桌前工作或者坐在桌前就餐的行为都正在逐渐消失。取而代之的是我们可以在不同的地方，以不同的姿势，在不同的时间就餐。同样，读书、睡觉、游戏和我们的其他行为也都在发生着类似的变化。所有以前与桌子结合在一起完成的行为，即只要是在一个特定环境中坐着完成的行为都逐渐消失在个性化的行为中。唯一能限制这种个性化行为的就是相关时刻的具体状况。对于设计师来说最终只意味着一件事：他们必须非常细致地观察和准确地分析他们同时代人的“自由行为”，因为如此之多的灵感，如同他们在文明时代的狩猎场能够获得的灵感一样，在教科书中是无法找到的。

P1 第5届展厅

该作品被评为第 5 届大赛的金奖作品，作者将“坐”与“阅读”这两种不同的人类行为进行巧妙结合。不仅是一件舒适的靠背椅，同时用环形的书架形式在空间中营造出阅读的氛围。插满各类书籍的放射状书架犹如一朵盛开的向日葵，作者将产品功能与形式间的关系拿捏得十分得当。

何牧
张倩

葵椅

亚克力，1500mm×1100mm×1100mm，第5届红专厂设计奖，2011年

王蕴涵　**色格子**

作品灵感来自一款蛇形玩具，该玩具以若干个相同的三角形或梯形几何形体组成，可以任意扭曲变形。设计者将其放大至可储存物品的容器，以布面作为连接结构。使用者可以根据不同的需求将其变形为靠背椅或其他功能形态，从而满足不同使用行为的需要。

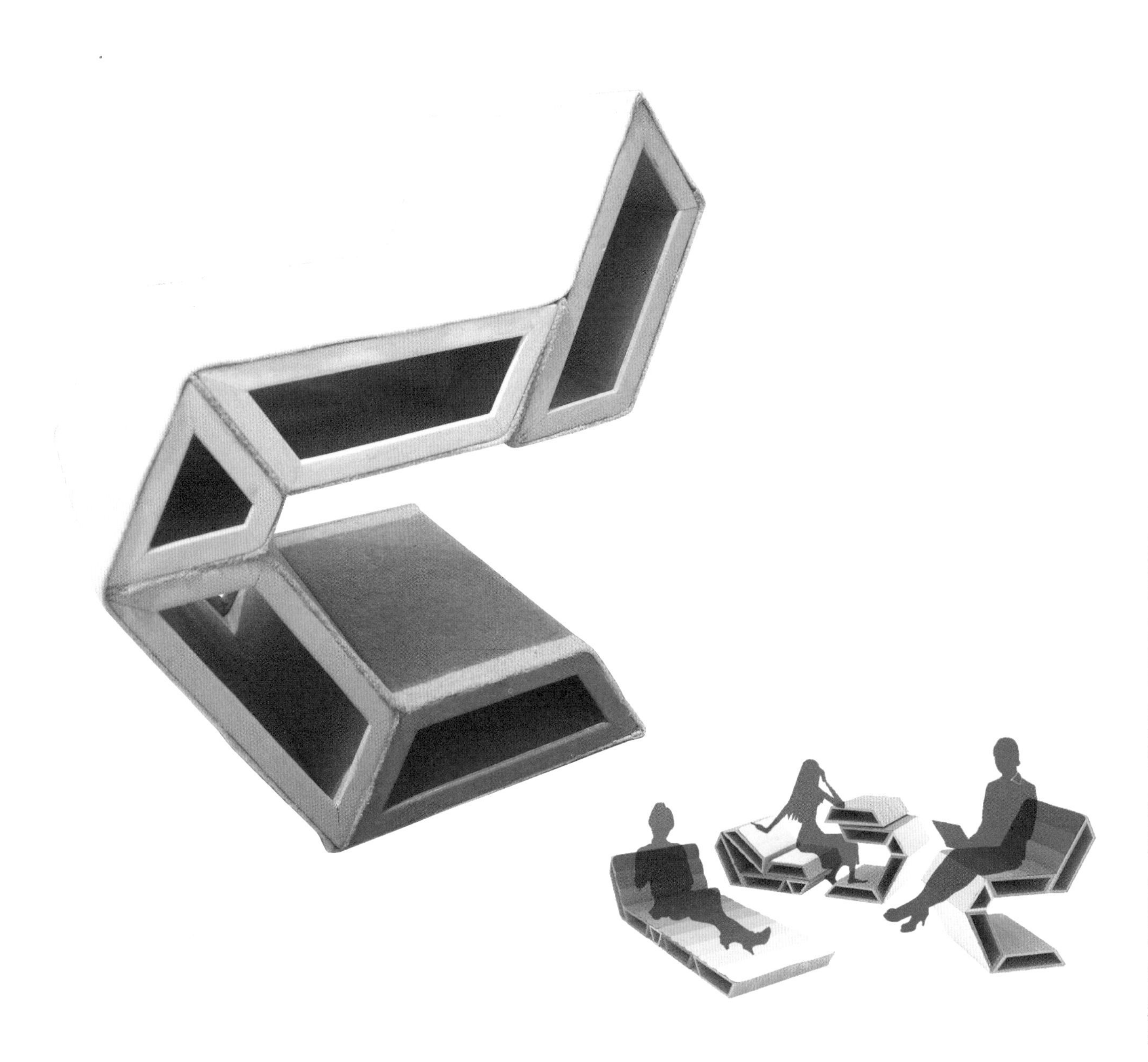

木、布料，360mm×150mm×500mm，150mm×150mm×500mm，380mm×150mm×500mm，第5届铜奖，2011年

植意　齐超

作品以毛毡为主要材料，作者很好地通过产品建立起设计师与使用者之间的一种交流方式。设计师将不同色彩搭配的毛毡叠放制成座椅的座面与靠背，表面以激光镂空的手法刻出花形图案。使用者透过表层的花瓣形孔洞将第二层、第三层的花瓣翻出表面，从而完成该作品的全貌，即布满盛开花朵的座椅。

木、布料，550mm×500mm×1000mm（3把），第5届最佳创意奖，2011年

郑蕾　**穿上**

这是一个智慧与趣味的设计，设计师对未来理想办公室不出现椅子的情况做了大胆设想，对穿在身上的皮裤做了改装，安上吊带，可以挂在预设的天花板滑轨垂放下来的吊钩上，将自己悬挂起来，这是个自下而上的支撑人体的物件，可随身携带、可穿可卸，只要有悬挂设施，就可以“坐”下来办公了。

皮革，250mm×220mm，2002年

行走的马扎　魏涛

“马扎”可以被称为能够充分体现中国传统文化的家具。其早期的形态可以追溯到胡椅。该作品看上去是一个略显复杂的马扎，但其除了具备马扎的基本形态功能外，还可以变形为老人的拐杖。两种不同功能结合的产品可以说十分巧妙。同时以榫卯为结构的变形方式除了解决形变的需要外，配以马扎这一极具传统文化特征的产品也十分恰当。

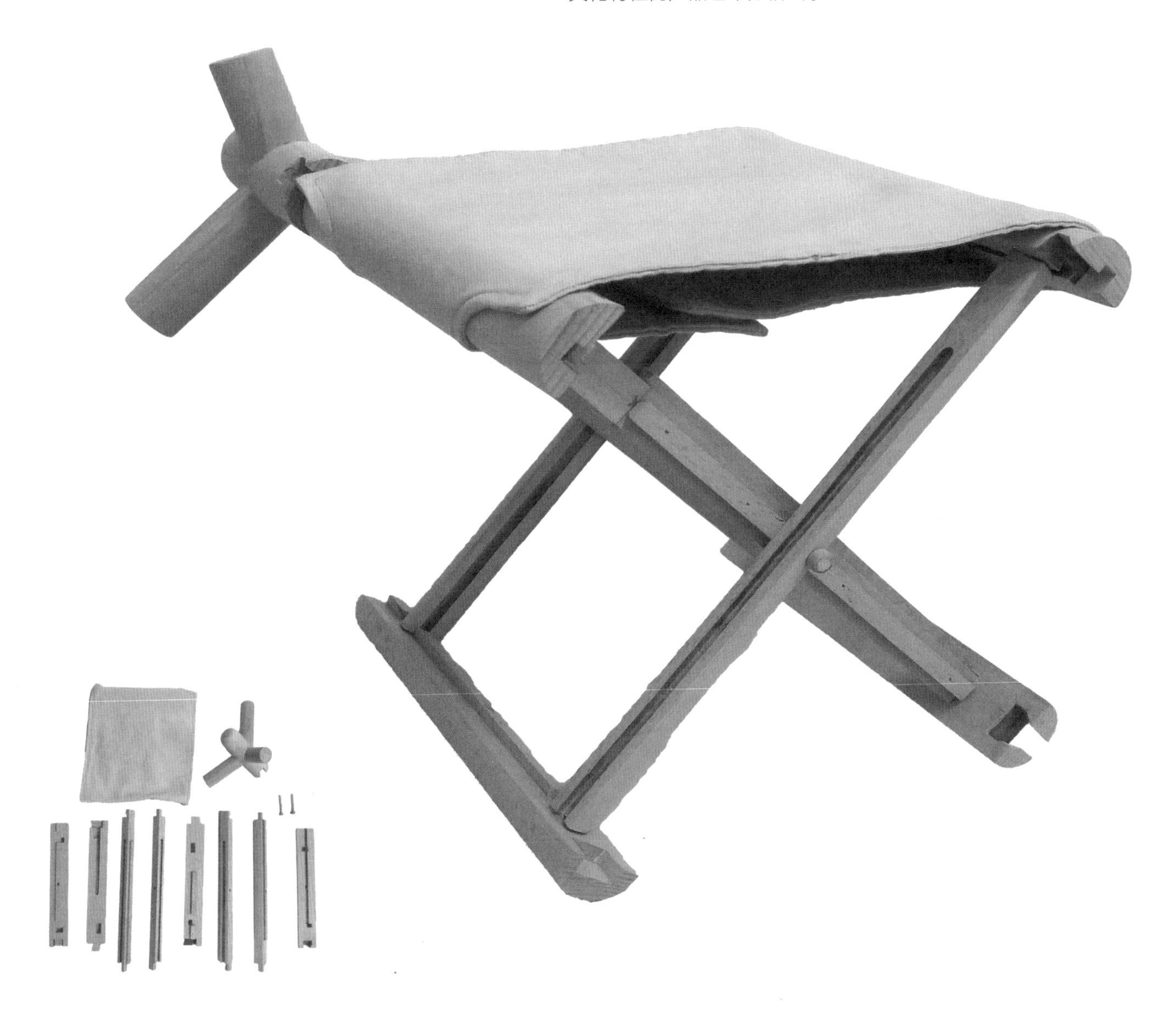

榉木、布料，40mm×40mm×950mm（拐杖模式）300mm×250mm×270mm（马扎模式），第6届优秀设计奖，2013年

该作品是坐具与画架的合理组合，图中左侧高高支起的部分为固定画板的结构，使用者需采用跨坐的方式使用。作品的选料及制作十分考究，仔细观之不难发现作者保留的树木自然生长曲线；座椅的每个部件之间以裸露在外的榫卯结构进行连接，凸显其结构感同时也便于拆装、收纳和运输；作品表面采用天然大漆处理，既环保又能最大限度地保留木材质朴的特点。由此可见这是一件具有设计功力的作品。

江黎　**画凳2号**

木、大漆，1100mm×550mm×750mm，2011年

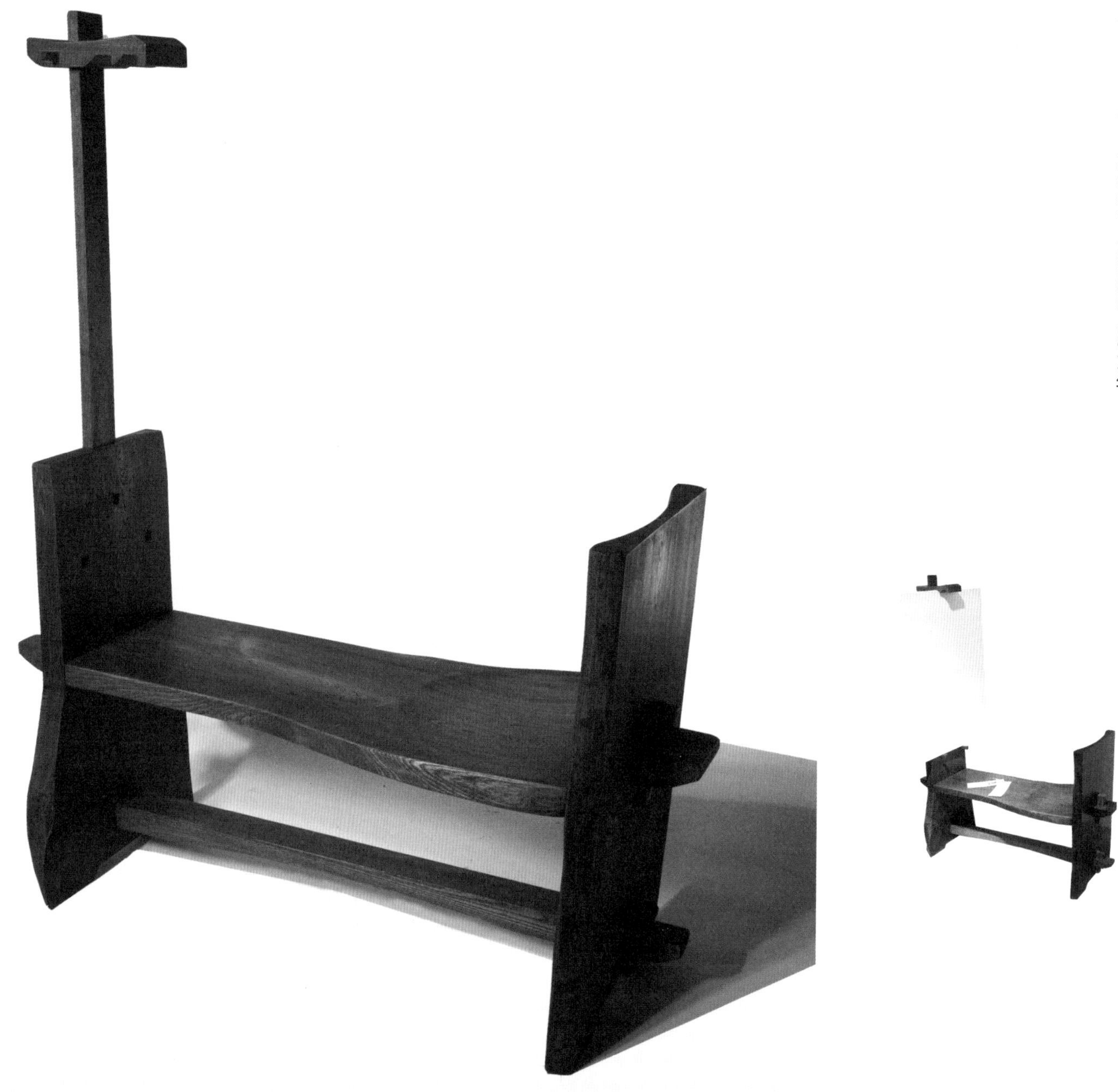

DODO 喜多俊之

该作品出自国际著名产品设计师喜多俊之先生之手，作为大赛的常任评委，他带来的这把多功能可坐可躺的椅子，不仅让我们看到喜多俊之先生对人的根本诉求的探讨，也让我们看到一款具有学术探讨价值的先进设计理念和概念的、非常成熟化的工业化产品，并能够将它应用到大众生活之中。

金属、皮革，1600mm×900mm×1000mm，1998年

　　当我们在诸如教室、咖啡厅这样的公共空间中使用座椅时，常常会出现随身携带的物品无处放置的窘境。即使有个咖啡桌也可能因桌面被使用而无法安置随身物品。针对此境，设计师在最寻常不过的座椅上做了些许的改动，便赋予座椅新的功能。同时此件作品也因其细节及表面处理的出色，赢得了该届比赛的“最佳制作奖”。

桂琦 何煦 Waiting

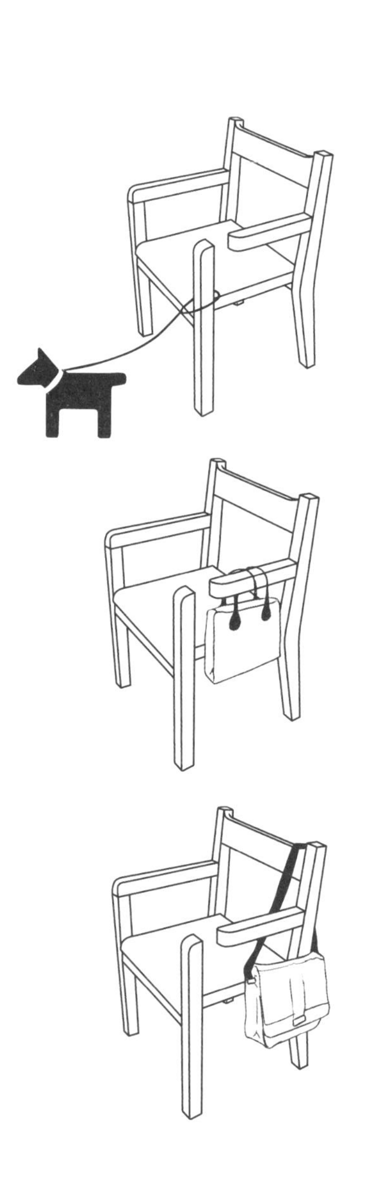

木材，840mm ×550mm×450mm，第5届最佳制作奖，2011年

Formation

黎阮芳英
郑玲

该作品是以数控技术成型的一款设计，将相同造型的坐凳，经等比放大转换为桌。通过桌面部分的十字孔洞，可将坐凳插接组合，设计出较为特别的收纳方式。构成每个单体的各个部件可以进行拆解，满足平板化包装运输的要求。当下网上购物习惯的日渐形成，平板化的设计思路也得到了更多的尝试。

木材，800mm×800mm×550mm，第5届银奖，2011年

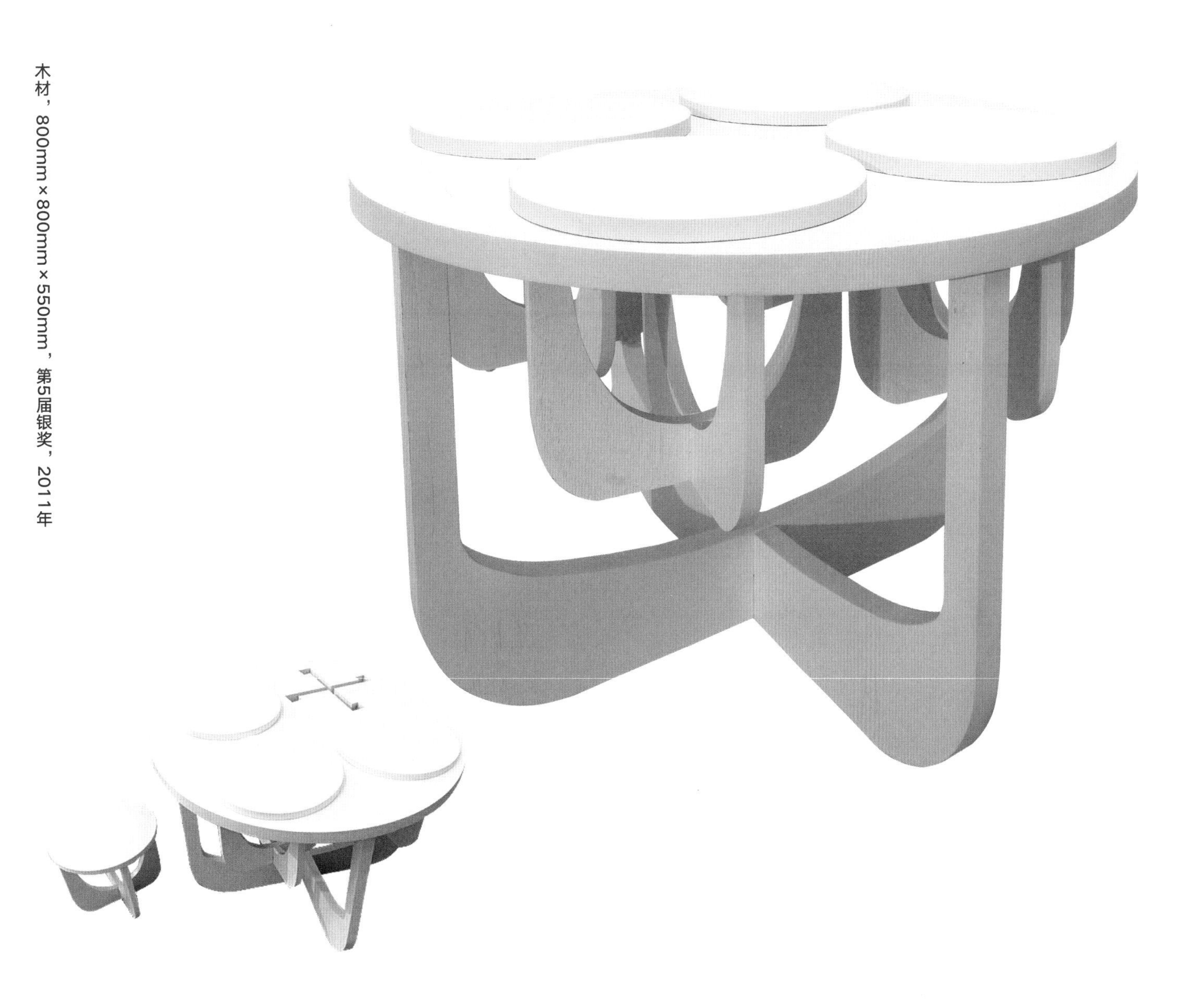

杨子鹏　**桌子下的小天地**

将座椅置于桌子下面，看似奇怪实则十分合理。这是一款从儿童视角出发、考虑到其行为方式及习惯的设计。儿童从爬行到行走阶段，桌子下、椅子下、床下都是他们经常活动的空间。这些相对狭小的空间也给孩子一定的安全感。设计师充分考虑到了该年龄段儿童的身高比例与行为习惯，为其设计出专有的活动空间。另外，桌子的高度设计符合成年人使用的尺度。该设计给人以大人小孩能在同一个空间其乐融融的温暖。

木材，布料，780mm×780mm×890mm，第5届优秀设计奖，2011年

会变绿的树　杨子鹏

宠物猫经常会抓破家里的沙发或其他家具，充满爱心的设计师捕捉到这一点，在座椅的靠背后为宠物猫准备了磨爪子的区域。图中树状的部分以瓦楞纸为材料制作，经过猫咪一段时间的抓磨后会逐渐显露出瓦楞纸下的绿色部分，形成完整茂盛的树状造型。设计师通过一个巧妙的转换便把一件原本有些烦恼的事情变得有趣起来，设计的不仅是件产品，更是给了人一种理想的生活方式。

木，瓦楞纸，450mm×450mm×750mm，2011年

项文君　**甜甜圈**

一款充满幽默感的设计，座椅的常态造型为一个人体的躯干。当使用者坐在上面的时候，座椅内部的海绵材料迅速压缩，并从纽扣之间挤出，仿佛一个体脂超标的胖子。座椅的形变程度会根据使用者自身的体重进行变化，因此设计师通过这样一个幽默方式提醒使用者应注意自身的健康，保持适当的体重。

木，瓦楞纸，450mm×450mm×750mm，2011年

搓衣凳　陈杰

“在饮水的动物？”可能很多“00后”无法理解这样的设计，因为洗衣板这件产品在当下的日常生活中已越来越少见。此件作品正是洗衣板与小板凳的结合，这样的场景往往伴随着母亲洗衣的声音。也正是这样的生活体验，给设计师带来了无限的灵感。

松木，720mm×250mm×370mm，第6届优秀设计奖，2013年

杨晓燕　**挎包椅**

一款由皮革与毛毡结合的手提包，几何风格的造型十分现代。在购物的过程中如果感到疲惫，可将其变成一把活动座凳，作品通过特殊的内衬材料及连接结构，实现软体与硬体之间的转换。从而满足便携座凳和购物包的功能需求。

布、绳子，300mm×300mm，第6届铜奖，2013年

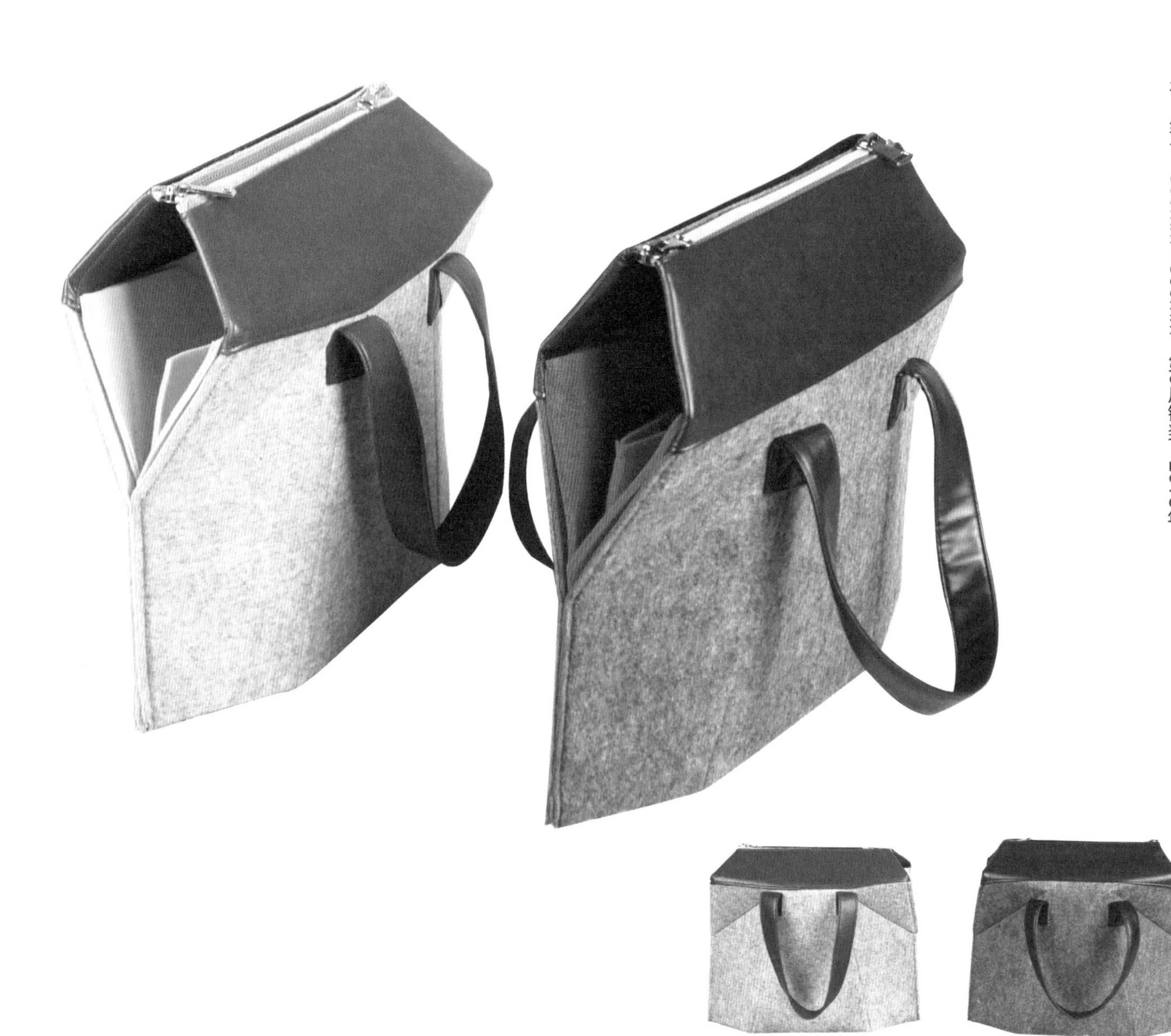

坐在空气上 杨峰 张静静

这款设计让笔者想到了米其林轮胎的一则广告……遍布身体各个部位且置于衣服内的气囊如同汽车的安全气囊，当需要不同休息姿态时，这些气囊可以充分满足支撑人体的要求，可谓大胆且具有创意的想法。

牛仔布、防雨绸、海绵，1800mm×600mm×500mm，第2届优秀设计奖，2005年

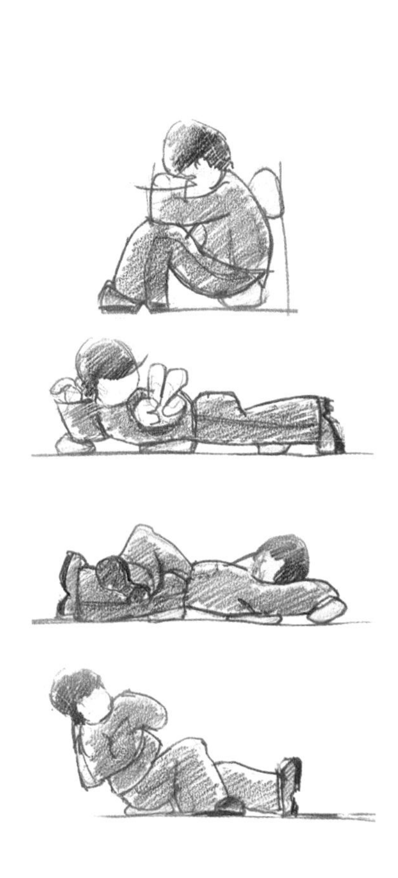

杨万里 黄露莎 漂浮的瑜伽球

瑜伽是一种时下颇为流行的健身运动，借助瑜伽球可以完成一些特殊的动作。设计不仅将坐的行为与瑜伽运动进行联想设计，同时也巧妙地将日常闲置的瑜伽球进行收纳并转换为坐具，既是两种行为的转换设计又是一物两用的合理结合。特殊的坐垫部分也给使用者带来特殊的使用体验。

金属、瑜伽球，600mm×560mm×800mm，第5届铜奖，2011年

迷宫滚球　王蕴涵

又一款“1+1”的设计作品，但这样的方式并非简单地叠加，十分考验设计师的设计能力。作者将迷宫玩具与座椅进行结合，其精巧之处便在于座椅的球形底部。之所以称其巧妙，是因为球形的造型不仅能够让使用者轻松地转动迷宫平面从而操纵迷宫内的滚珠，同时在作为座椅使用时获得如同摇椅般有趣的体验。这两种功能产品的选择无疑明确了该产品的目标使用人群即儿童。因此可以说此款设计充分考虑到了产品的造型、功能及结构方式。

木、金属球，500mm×500mm×250mm，2011年

称其为设计产品倒不如将其理解为雕塑，“为坐而设计”是一个开放的命题，你可以以任何表现形式表达你对“坐”的行为的理解。这款作品由好多废旧的金属制实用器皿组成，当然也可能在作品完成之初这些部件都是崭新的，坐在上面的使用者可以任意敲打从而宣泄自己的情绪。这种概念的大胆尝试是大赛所鼓励的，往往好的设计就是由这样看似荒诞的想法转换来的。

贾蓓蓓　**"打"坐**

废旧生活用品（铝制品），550mm×600mm×750mm，2011年

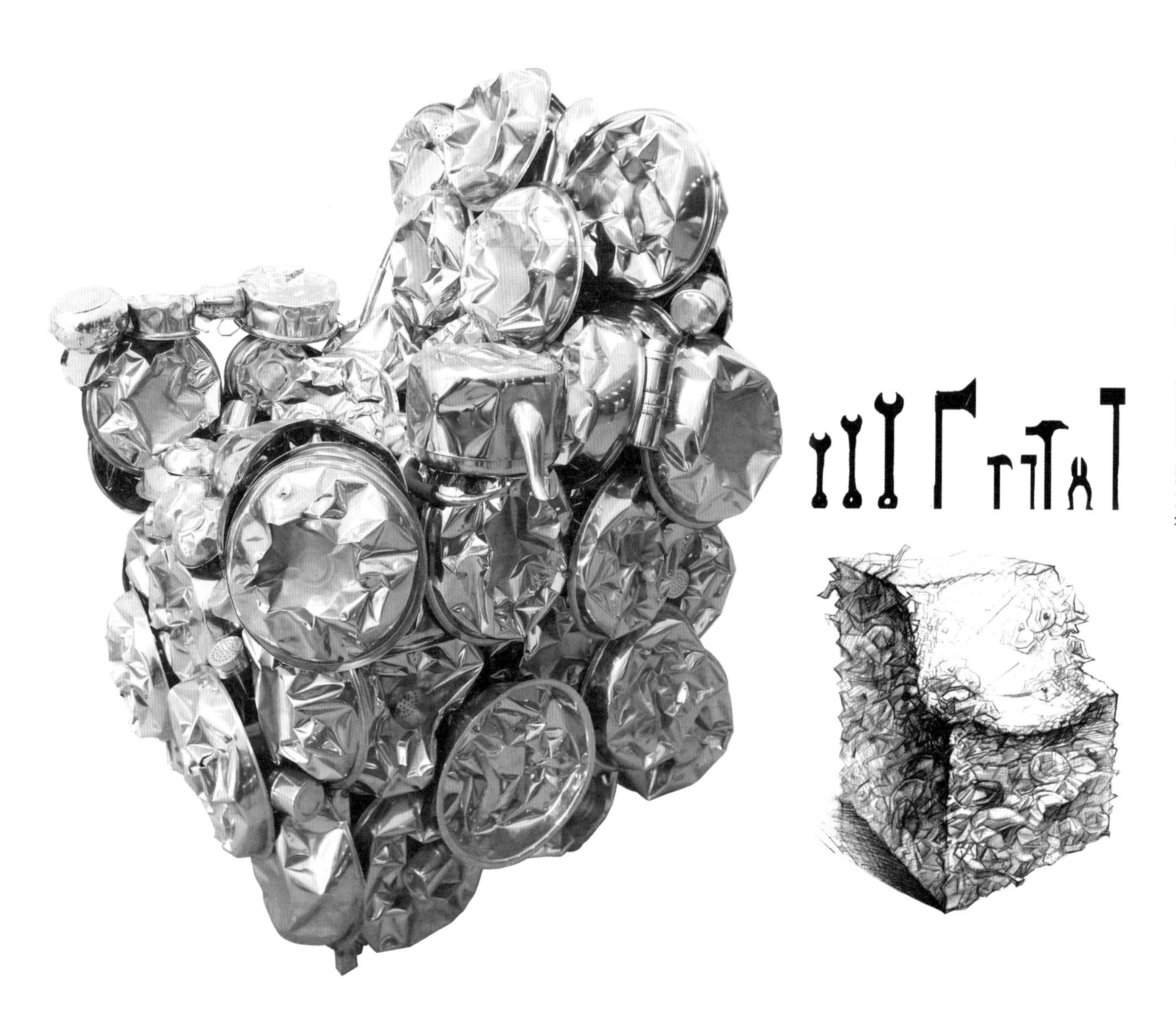

坐与交流　刘松雨

作者定义的"交流"是一种较为特殊的交流方式，即以音乐的方式产生交流的行为。当一人独处时，我们偶尔会随手敲击身边的物品，如桌子、椅子等。作者由这样的生活体验入手，将手鼓与坐凳进行结合设计。同时制鼓的手法采用传统的羊皮鼓面加以绳索绷制而成，绳索本身既是制鼓的必要结构，又具有一定的装饰作用。同时也使坐凳的座面部分具有一定的弹性，使其作为坐具使用时更为舒适。

木、皮、绳，400mm×480mm×400mm，2011年

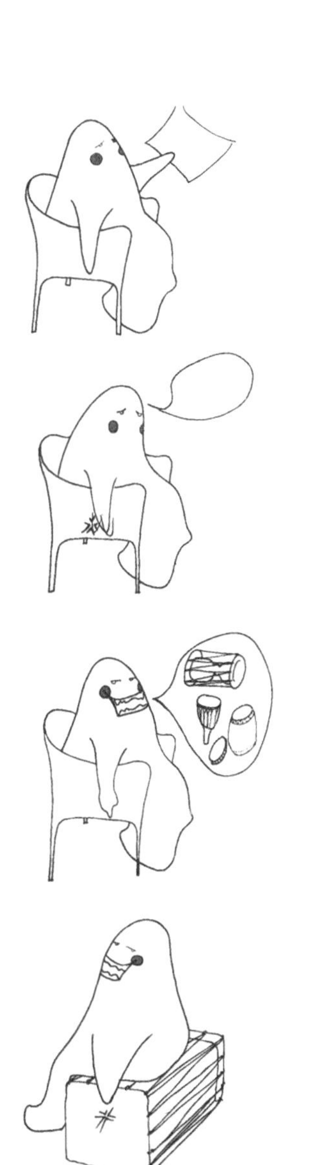

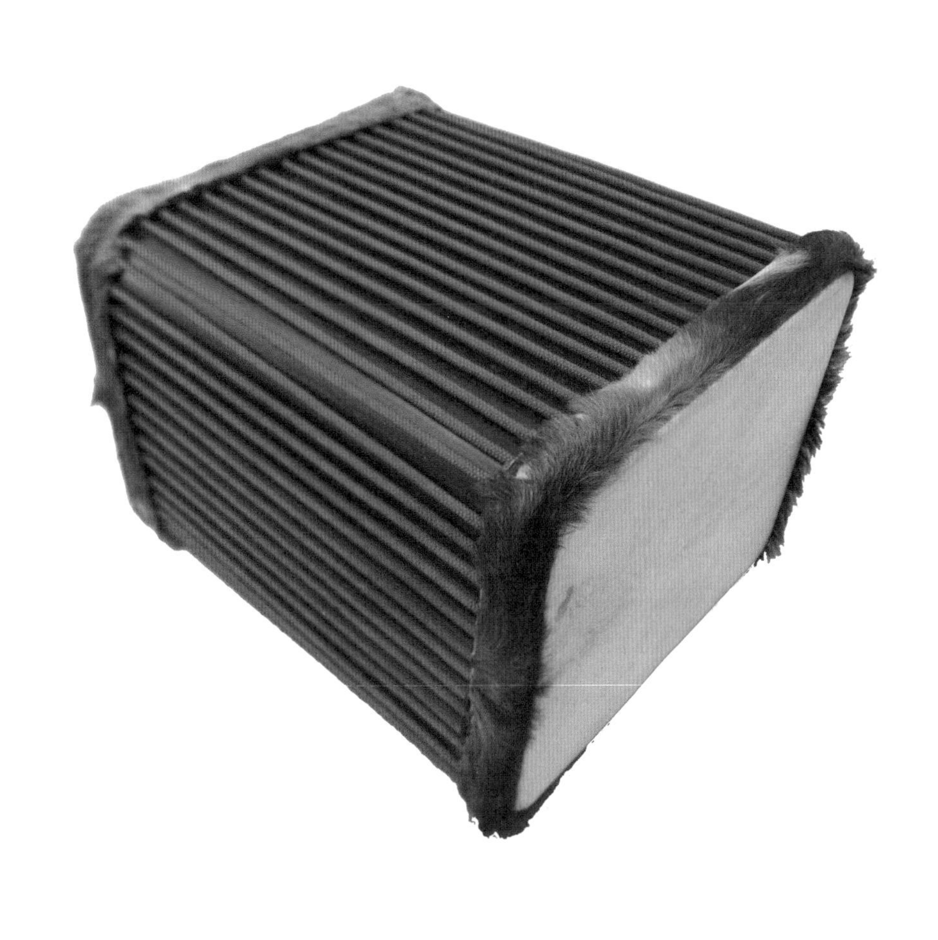

李辉　背靠背

该作品为具有建筑设计背景的设计师设计，从造型看已完全打破人们印象中“椅子”的样子，更像一个抽象雕塑。使用者通过转动中间红色的部分实现“坐”的功能，但如果想完成“坐”的行为，需要两个人同时坐在两端。因为红色的部分是一个类似跷跷板的不稳定结构，作者也是通过这样的设计手段，迫使人们在使用该座椅时产生互动。这样一来坐下来休息便不是该产品的首要功能了。

硬质塑料，400mm×40mm×1200mm，2005年

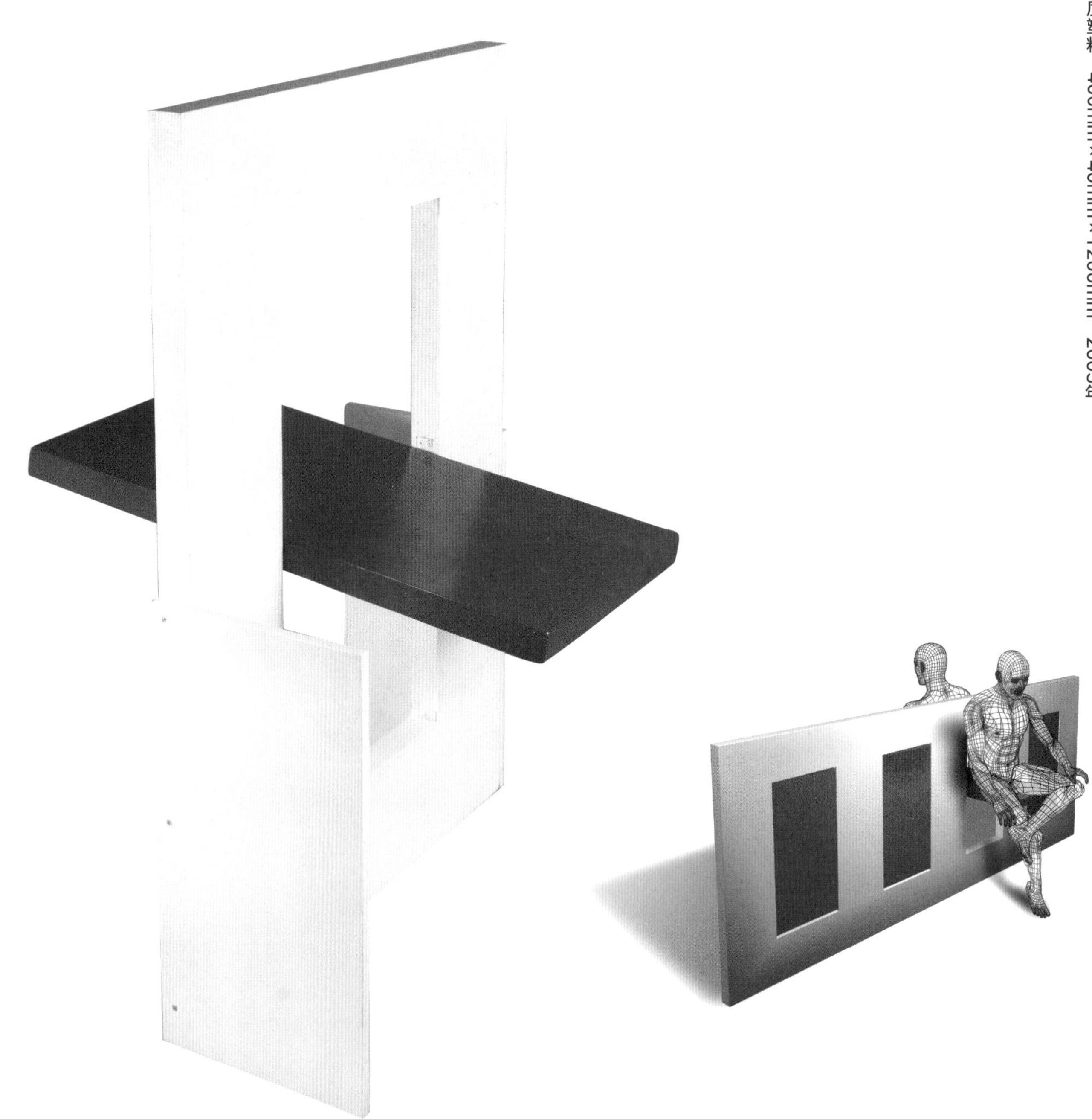

拉拉座　贺凤丽

区别于其他设计的一种思路，即并非在坐具上附加另一种功能属性，而是进行反向的设计思考，在一件产品上附加坐具的功能，而这种附加又是极为合理的。人们在使用手推车携带物品出行时，时常会在等候或劳累时希望找到一个座椅坐下休息一下。也会有人直接坐在自己的行李上，作者由此入手进行设计，设计出一款可以任意移动的概念座椅。

布料、纸筒、废旧金属拉杆车，400mm×400mm×700mm，400mm×380mm×450mm，2010年

李思特　**坐与玩儿**
赵意祺

一个户外座椅的设计，其三角形的造型特征使得多个使用者在共同使用时具有特别的交流体验。同时座面被设计成如同马鞍一样的弧形曲面，旨在引导人们以骑坐的方式使用。而座椅整体的下方空间可以供儿童在内部玩耍，配以分布在坐凳表面的大大小小的孔洞带给儿童不同的空间体验。该作品可以说将产品的功能、造型、结构及选材等多方面要素平衡得十分恰当。

金属、塑料，1470mm×1700mm×600mm，第5届铜奖，2011年

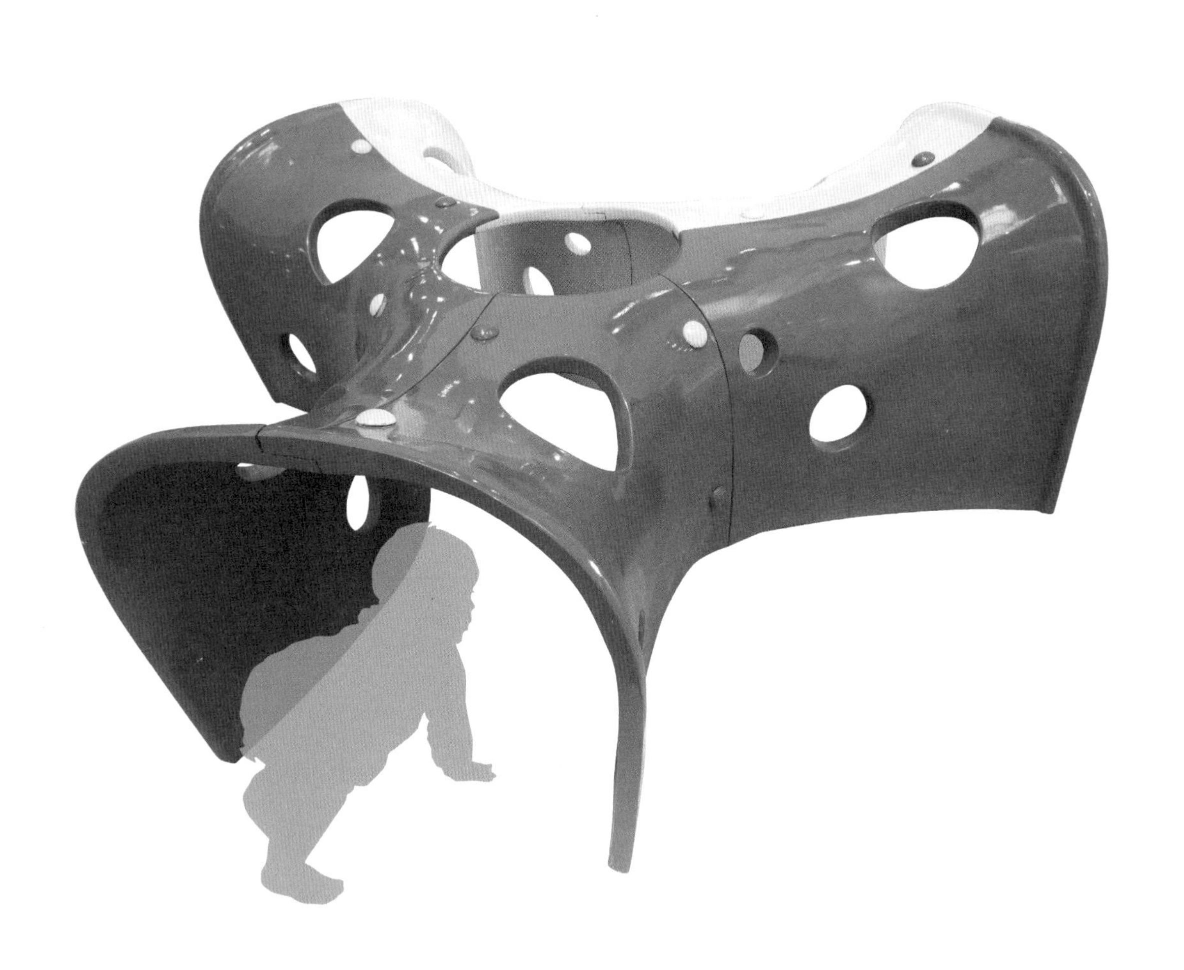

卷铺 于然

该作品由硬质的曲线部分及软质的卷曲部分组成，两者配合可以呈现十几种实用方式。可坐、可靠、可躺……配以软包卷曲部分两侧的弹力锁扣，可辅助实现各种状态的转换。作品整体以毛毡包裹，对内部硬质与软质两种材料机构处理的要求较高，因此在作品的表面工艺处理上稍显粗糙。

金属、布料，600mm×800mm×1150mm，2011年

为书而坐

李习斌
姚冶

又一款“坐”与“阅读”行为结合的作品，但创意的视角完全不同。该设计由书籍的收纳入手，在座椅上人为地预留一块“残缺”，让使用者以图书来填补。完成收纳图书功能的同时，不同颜色表皮的书籍也成为座椅的装饰部分。作者充分考虑到不同开本大小书籍的收纳，因此在设计时预留了符合不同尺寸要求的缺口。整体造型也以简练的几何形体为基础，旨在突出其储存结构的部分，即使没有填放书籍，该部位也成为这把椅子的造型亮点。

木材，460mm×490mm×560mm，2011年

墙壁抽拉椅　孔亚杰

白色的三角体块部分是因展览限制所设定的一座假墙，实则该作品是将若干个可以抽插的圆管置于墙体中。常态下隐藏在墙体内部，如需使用时将该结构抽出，可以根据使用的需求不同，通过不同位置的圆柱组成长凳、躺椅等不同的状态。该作品也对椅子形态做了解构与重构，通过这样的设计手法满足不同的使用需求。

合成木材，420mm×297mm×750mm，第2届最佳创意奖，2005年

周晓娜　**儿童身高测量椅**

从造型不难看出是一件给儿童的设计，设计师将刻度尺与座椅靠背进行结合，一物两用既丰富了产品的功能同时也节省了空间。两种功能的结合十分合理，因儿童身高变化较快因此大多家庭可能不会选择购买符合儿童尺寸的家具。但如果花一份钱能够解决两种功能需求，其购买欲会大大提升。

木材，350mm×400mm×1300mm，2011年

童趣　刘宸星

以儿时在户外玩耍的“跳格子”游戏为创意灵感，设计师将每块格子设计为储物的木质盒子。组合形式的游戏格子实则是一组长凳。当然单元形之间没有硬性连接，可以根据实际要求拼接成任意形状。作者将该产品设定为室内公共空间使用，当行人不经意间看见这样的造型，也许会回忆起儿时的美好时光，如果驻足下来打开盒子等待您的可能是一份惊喜……

木材，450mm×380mm×430mm（10个），2011年

小小搬运工

杨万里
黄露莎

“玩”是孩子的天性，结合儿童善于探索的行为方式，设计师将儿童座椅与手推车进行结合，同时也具有收纳小玩具的功能。在满足家具功能的同时，最大限度地拓展了产品的功能。

塑料，350mm×350mm×700mm，第5届金奖，2011年

梯子？凳子？通常的居室空间内，大多使用 2 米～ 2.4 米高度的柜子（衣柜、书架等）。当我们需要从柜子的较高位置拿东西时往往需要补充一些高度，大多都是随手拖来一把椅子。如果拥有这样一把可以折叠的、既可当坐具又可当梯子的家具，使用起来会十分方便，塑料透明的色彩更添加了一种时尚感。

Paolo Rizzatto **Upper**

聚碳酸酯、金属，400mm×400mm×550mm，2011年

口袋椅　杨晓聪

“坐”与“储物”，设计师给一把普通的座椅提供了另一个“普通”的功能。但这种看似寻常的创意背后却流露出设计师的智慧。首先，储物空间的功能设定为存放手机、钱包或钥匙这样的随身小物件，功能明确且符合一类人群的生活习惯。其次，存放口的位置选择与造型设计十分的巧妙与轻松。该产品很适合在一些公共空间使用，但要注意离开时记得带上存放的物件。

木材，布料，550mm×500mm×1000mm，2011年

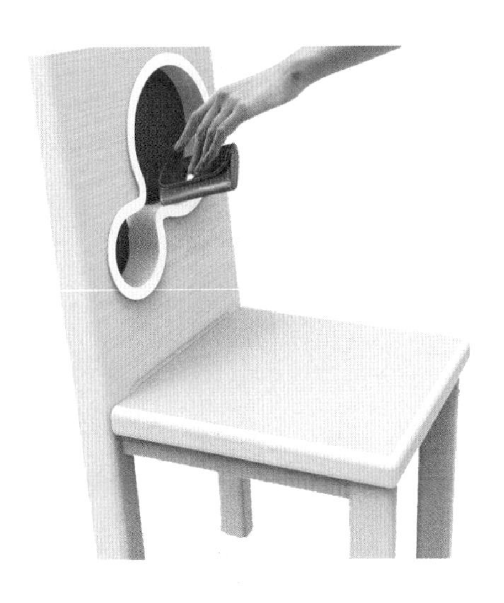

周力
茅喆

坐与玩

一款趣味设计，可用于儿童房。常态下是一把椅子，拿掉篮筐上的座面，便呈现出篮板及篮筐。在工作和学习之余，可以随手团起一个纸团投入篮筐。这样的“次要”功能往往会给人以会心一笑。家具经过漫长的历史演变，其使用功能的满足已不再是设计的全部焦点，消费者对于充满趣味的情感化设计的产品需求也变得越来越强烈。

木材、金属、篮网，500mm×800mm×760mm，2011年

写 史春晓

“工作狂的椅子”或者“头脑风暴的椅子”，也许这样的名字更为贴切。作者将若干个便签置于座椅的外立面，不同颜色的便签具有其本身功能的同时也成为了座椅的表面装饰。随着使用者的记录与摘取，座椅的表面样貌也随之发生着改变。这正是设计师与使用者通过产品进行交流的一种形式，借助使用者的使用来完成作品的最终设计。

木板材、便签本，750mm×800mm×700mm，2011年

谭娟　**奔跑椅**

运用了二维空间与三维实体结合的一个设计，作者借助墙面绘制二维图案与三维的座椅共同组合成该作品。不同维度空间结合或相互转换的设计方法越来越多地被应用，该作品的巧妙之处在于座面软包材料的选择及凳子腿部的造型与二维图案结合得十分吻合，在座椅的整体造型上更为生动地突破传统凳子的样式，使作品更具艺术趣味。

木材、布料，800mm×350mm×450mm、700mm×350mm×450mm，2011年

北京的一天　李永玲

作者运用现成品设计的方法创作出该作品，该设计法的难度在于如何能够将现成品进行功能转换，同时提升其品质，成为全新的高完成度的产品。作者充分发挥其美学造诣，将报纸这一最普通不过的材料转换为造型如此优美的坐凳。从功能角度分析，该作品不仅能够满足“坐”的功能，同时也给读过的报纸提供了收纳的功能，再也不用担心没有空间收纳这些“废弃物”。恐怕当废品回收者登门时，谁也不会舍得将这样的艺术品按斤卖掉。

北京各家报纸，400mm×400mm×380mm，2011年

造物是先辈在对抗自然和顺应自然过程中经过千百年的智慧积累而成的。《考工记》载：“知得创物，巧者述之守之，世谓之工。百工之事，皆圣人之作也。”中国造物源于定居的农业文明，先秦时已经有稳定的工艺传承制度，百工之事，祖祖辈辈，代代相传。进入现代化社会模式之后，由于工业制造技术强大的扩张力，给传统的制造模式带来很大冲击，很多在本土生存了千百年的稳定的制造方式，面临急速衰减直至消失的困境。本土生存的环境挑战赋予先辈的智慧，在现代大规模系统化生产模式中应该如何应用？这不仅是本土设计面临的问题，在全球很多区域，也面临这个造物进化的困惑。当下的国际设计赛展中也提出造物进化速度过快带来的原有造物方式留存障碍。

在“为坐而设计”的第 6 届赛事中，基于文明与文化的东方背景，提出了“长者”的主题。长者是每个人必然经历的社会人际身份，长者包含多重含义：长辈，年长的人，值得尊重的人，行业的导师，人生的指引者……为长者的设计，或者来自长者回忆与启发的设计，都在参赛作品中有所表现。“长者”是中国文化的永久课题，长者最终推进群化为“先辈”。先辈的智慧方式，是中国造物文明的传承核心。从更广深的意义上理解，“坐与长者”的主题不是仅仅强调个人和长者之间的关系，也可以延展到社会层面的思考——尊老与继承的关系。中国千百年来的工艺传承和文明延续，一直保证了对长者的尊重，但现代生活方式中，长者不再具有传承优势方式的能力，从造物智慧到生活习惯，当下即将老去的群层面临社会技术改革日新月异的挑战。社会在不断进步，但我们却不能因为时代的改变而忘却了曾经智慧的技术。创新更好品质的物品，需要面对当下的生活方式，但更重要的是从过去的造物方式中获得最初解决问题的智慧。

P1

设计进化是人类优化生活方式的结果，但在人工环境不断的进化过程中，因为功能快捷、舒适的功利化追求，曾经的造物启发容易被忽视甚至忘却。先辈的智慧在中国当下的文明发展中，处于继承的劣势。但不容我们忘却的，不仅仅是关联未来生存的战争和历史事件，来自地域文明传统传承的、最初对抗自然的方式方法中，潜藏着很多不可超越的经典方法。面对今天造物过剩带来的环境恶化，面对不可预知的人类未来生存挑战，先辈的智慧始终能够启发我们，使我们在应对当下的不安与急躁中，获得一份沉稳的信心。

P1　60把椅子展，设计师刘峰作品《埋》展览现场。

熊子欣 崔强 拐杖·椅

该设计的出发点只是为了让拐杖——老人的好朋友，有一个贴切又自然的安身之处。关于老年人，社会经常把他们视为弱势群体，我们关爱、保护他们，却常常忽略他们心中对年轻活力的向往。设计师希望通过作品，在古朴与诙谐的结合中，能为老年人创造出一种新的、时尚的生活方式。我们相信，当家具的设计符合人们的自然习惯时，家具就会自然而然地获得生命力。

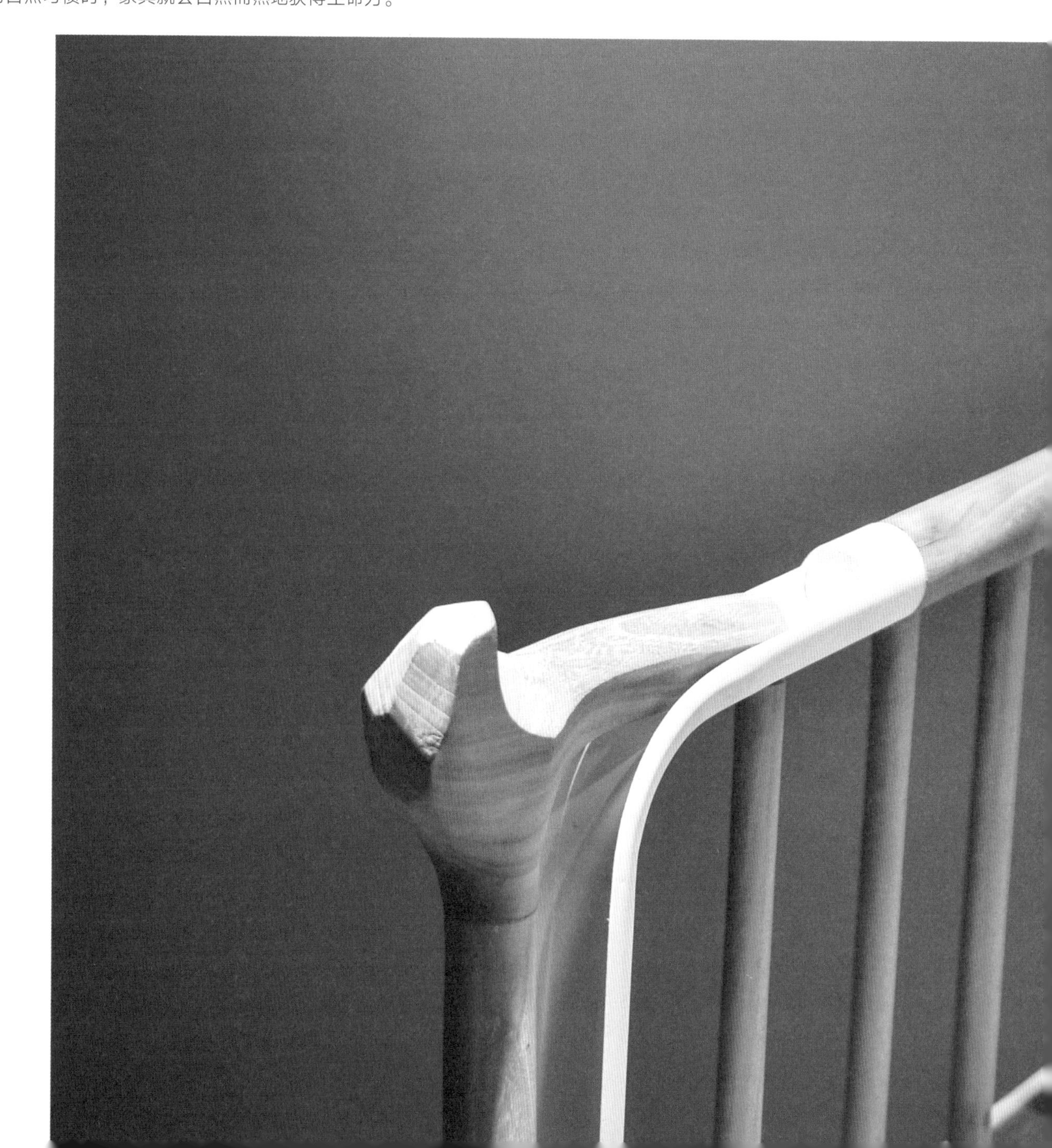

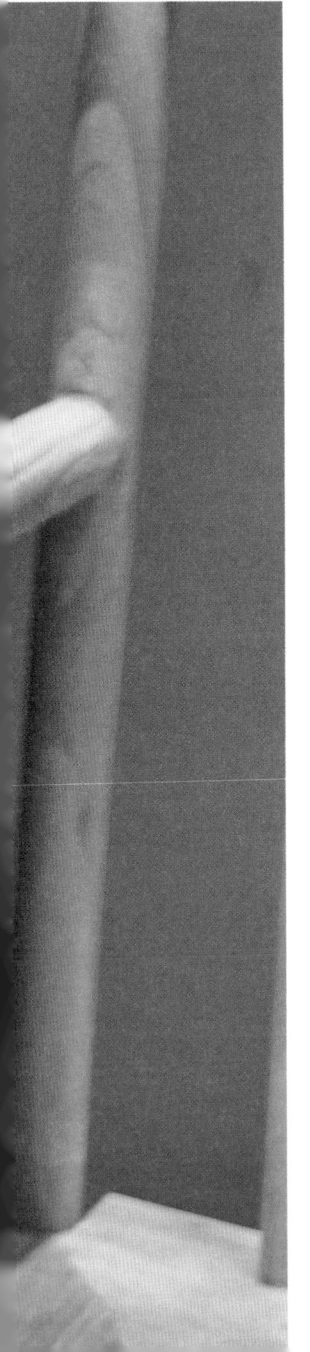

木、碳纤维，580mm×440mm×920mm，第6届银奖，2013年

邵帆 **屏几**

唐代以前，中国的先贤们似乎并不坐在椅子上饮酒，他们常靠在三条腿的凭几上饮酒，于是紫檀木的凭几在邵帆的手里开始“扭曲”，变形为可坐两个人的椅子，那是恋人们的椅子。邵帆的作品从传统的生活方式和审美出发，但又完全超越当时的工匠造作，将审美在中国现代提升到一个新的高度。在文雅流畅的曲线中折射了当代艺术家对造型的思考深度。

紫檀，1500mm×540mm×350mm，2005年

151 罗锅枨裹腿棋桌凳 田家青

木，370mm×710mm×460mm，2013年

该作品为一套茶桌凳中的一只，以传统“罗锅枨”和“裹腿”元素符号创新而成，具设计感，其“外方内圆”的形式，简约中彰显大美。以“圆包圆”裹腿，与顶牙罗锅枨相结合，亦古亦今，展现出了全新的时代特征。田氏作品，与明式家具有着明确的传承关系，完全采用传统的榫卯结构和制作工艺，在用料上，使用一种新开发的非洲优质木材，质软、色白，无明显纹理，适合制作造型简约的器物，能纯粹地展现出器物的造型与结构美。

作品重构了中国传统皇家威严，将一件京戏龙袍做成西式沙发垫，中西文化的碰撞，中国传统皇家权力的消解。五爪云龙原来是皇家专用图案，而京戏是中国国粹，在作为装饰出现在沙发上的同时，也保证了视觉上的文化感和东方主义显性的识别特征。

软包，1300mm×850mm×900mm，2011年

153

Proust BIG Alessandro Mendini

“Proust” 椅是意大利最有影响力的设计师亚历山德罗·门迪尼最著名的“再设计”家居系列设计的起点。门迪尼系统对过去流行的一些设计的外观和装饰进行再阐释。他的两个基本观念很重要：一方面，今天的设计必须认识到设计在现有观念和影像的结构中的位置；其次，如果设计想要将信息转达给一个琐碎的、快速变化的世界，它只能外在地通过物体的表面来表达。

聚碳酸酯，1040mm×900mm×1050mm，2011年

作品采用现代设计手法，对传统家具的圈椅与春凳进行重构，解构了原来圈椅与春凳使用的附加功能，增加了现代人审视古典家具的维度，是典型的新古典主义设计语言，在保持明式家具神韵的同时，赋予坐具新的趣味形式与功能。

王俊　**圈座**

实木，1200mm×300mm×950mm，2007年

授与哺 李燕

作品工艺采用中国传统榫卯结构，在比例尺寸上从功能出发，有节奏地缩减了传统明式家具官帽椅的尺寸，更适合现代家居的摆放使用。以组合椅的形式体现我们与长者的关系，副椅的椅背作为主椅的扶手。长者授予我们知识、呵护我们成长，我们成长后反哺长者。对长者的理解从情感和责任的角度出发，用来自祖辈的家具制造方式，诠释了长辈和后辈之间的传承关系。

木，400mm×400mm×950mm，第6届金奖，2013年

邵帆　明秀墩

作品是“明式家具”的基本特征和结构方式的全新解读，通过个人的审美延展，将中国传统明式家具中绣墩的固有视觉经验陌生化。绣墩上部的正圆座面左右水平拉开。五个空心圆中的两个空心圆保持原大小，另三个空心圆被拉长，成为三个弧形。绣墩的所有部分同步展开。现代精神与古典气质的融会，创造出具有人文气息的家具。作品是对过去的反思、是生命的延续与再造、是历史与现代彼此气脉的融合。

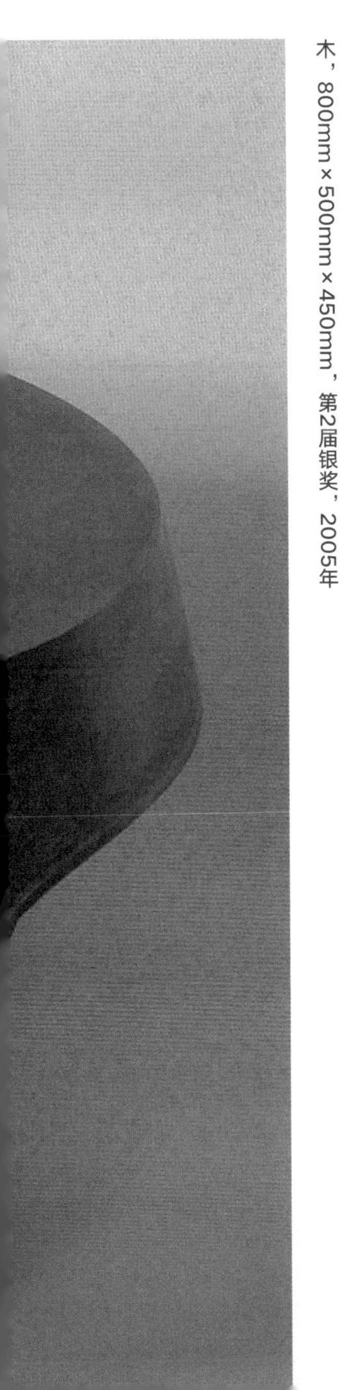

木，800mm×500mm×450mm，第2届银奖，2005年

陈原川　**天桃**

作品取意中国园林的重要元素——太湖石，通过优美的弧线强调了曲面本身具有的空间性和独立性，形成专属空间。太湖石或灵秀飘逸，或瘦峭耸峙，或拙朴古雅，作品将太湖石多样的姿态依附于灵动造型之上，在曲线的生长中重塑现代中国人文之态。

花梨木，465mm×365mm×930mm，2013年

无极　肖天宇

在该作品中，可以看到中西方典型家具的交汇与碰撞。明式家具的正襟危坐与西式沙发的慵懒舒适以两种迥异的坐感同时出现，让使用者直观体会到不同文化的差异。设计师意图表达向传统致敬的同时，让传承超越模仿，不断演变，真正发展并提炼出一种现代生活方式。

亚克力、海绵、织物，800mm×550mm×670mm，2010年

Magis Cyborg 160

Marcel Wanders 设计的“Magis Cyborg”椅子使用传统材料藤条进行加工，但在设计方式上别出心裁。在这一系列椅子的设计当中，Marcel Wanders 将传统的材料和塑料结合起来，使用这两种人们较为熟悉的材料赋予了椅子以不同寻常的美感。设计师将藤条编织成新的形状和样式加以利用，使藤条成为支撑垫子的主要结构。椅子的垫子使用聚碳酸酯制作而成。

藤、聚碳酸酯，580mm×540mm×800mm，2010年

乐山居　袁媛

山和水是传统中国画中最常见的元素，山代表了毅力和生命力。"乐山居"把中国传统的山水画意境融入到现代的生活趣味之中，把中国古典的美学符号与现代简洁明快的设计风格相融合。通过使用者与产品的互动，体现了人与自然和谐共存的思想，符合中国道家思想中天人合一的理念。设计表现了人对自然环境的关爱，以及自然对人类的包容。

软体、实木、羊毛织物，2100mm×1000mm×770mm，2013年

康悦　**编织温暖记忆**

儿时穿的手织毛衣是我们这一代孩子童年里最温暖的记忆，它承载着长者们对下一代最朴实的爱与关怀。随着我们现在物质生活的日渐丰富，这种具有时代感的“温暖记忆”也在慢慢淡去。作品选用传统的手工编织的手法，把生活中的熟悉的大南瓜去色放大化，让人们更关注编织这种行为，参观的长者在展厅里可以继续编织，作品也让我们对长者的尊敬和崇拜重新回到小时候。

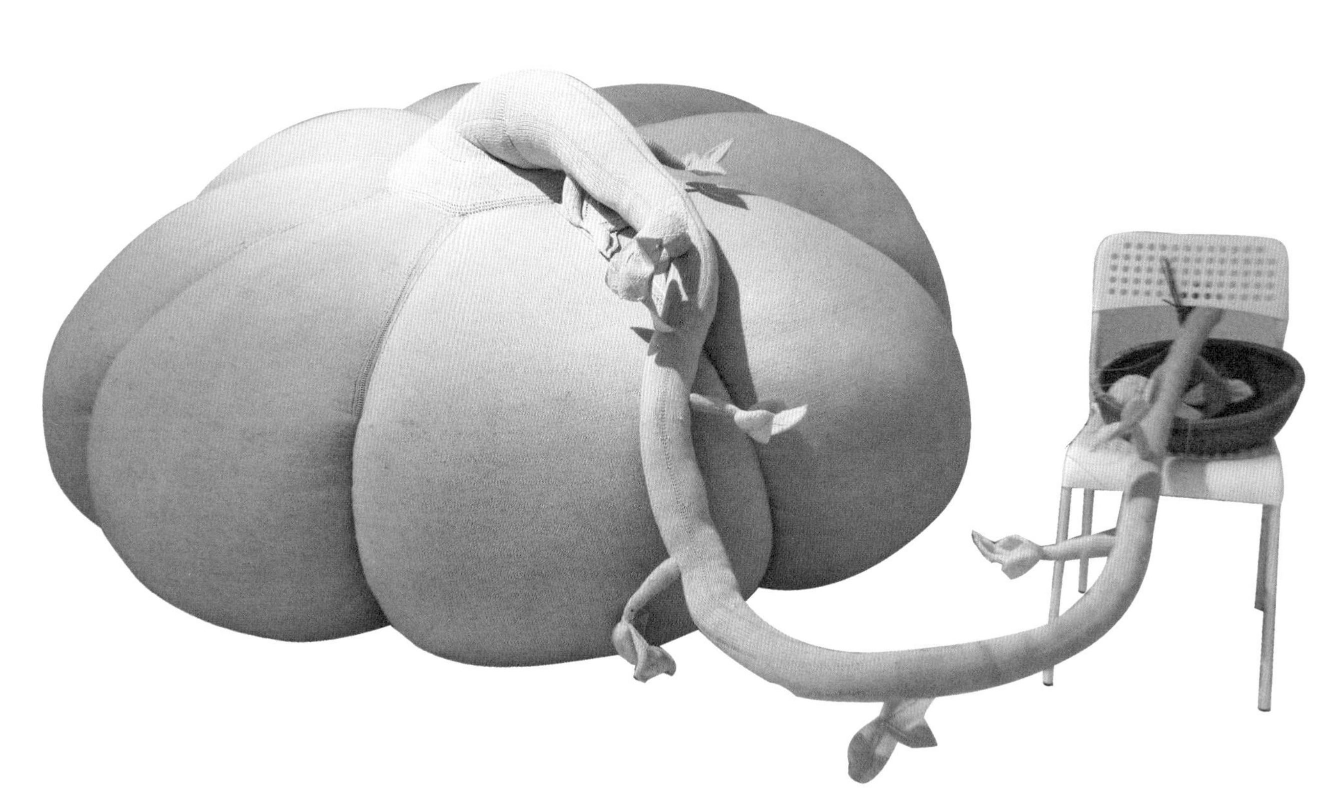

棉线、棉布、填充棉，2000mm×2000mm×500mm，第6届铜奖，2013年

千层底椅

王翊人
游东和

“千层底”泛指手工纳制的布鞋鞋底。中国最早的千层底布鞋始于周代，无论是造型，材料和技艺都经历了岁月的考验。“千层底”因此意味着长辈朴素的劳动品质，也意味着岁月千层的沉淀，作品通过千层底这个历史悠久的手工工艺方式来制作，材料遵循传统的材料：白坯布和面粉。在将老工艺进行一种新应用的同时，也带给人们对于棉布这种材质的亲切感与亲肤感。最重要的是作品本身用纯粹的原料体现出纯粹的“白”，和隐藏在“白”后面繁复的制作工序。把一切归于“白”，这才是长者的智慧。

棉布、麻绳、针织布、大米，420mm×200mm×450mm，第6届最佳创意奖，2013年

Volker Albus **现代明式**

“现代明式”系列是一个明确的概念项目，中国拥有丰富和庞大的文化体系，以旁观者的角度，难道不是一个极为庞大的项目？不过,我们可以沿着明朝文化的轨迹,逐渐回复到传统。

这就是为什么这3把椅子的明式精神和结构都来自中国传统的启发。同时，通过它们，我也想特别呼吁年轻的中国设计师切实地来保护挽救传统。

与此同时，就我个人观点，现代材料和技术也应该在创作中受到重视。所以，现代明式椅子也披上了时下的普通低价纺织品和塑料提包材质。基于以上说明，作品在观念上体现了新与旧、过去与现在的融合。

彩条布，680mm×630mm×1000mm，2011年

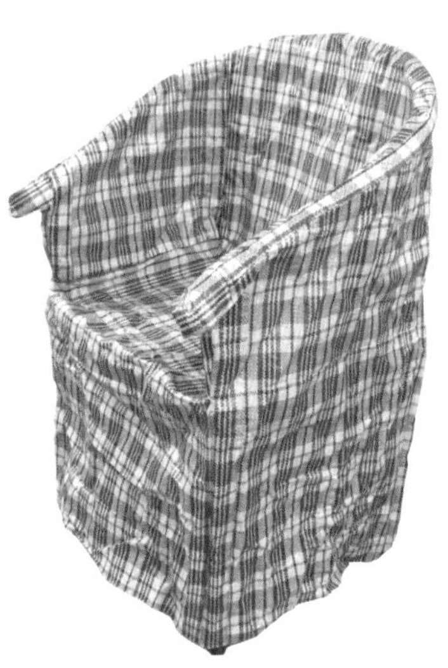

太虚　王沛璇

中国传统文化是中华文明演化并汇集成的一种具有民族特质和风貌的民族文化，具有世代相传的精神传统。社会进化、时代变迁，发展和改变是历史一个永恒的主题，而在发展的同时对于传统文化的重拾也是尤为重要的。作品采用柞木实木弯曲工艺，将木材进行蒸煮加工裁切后，利用弯曲木的特性，将木条进行编织弯曲定型等多次加工，形态上结合传统劳动工具——“竹筐”与中国瓷器的造型体现中式之美，在传统形态的基础上表达现代设计精神。

实木，700mm×700mm×260mm，400mm×400mm×450mm，第6届最佳制作奖，2013年

刘亚楠 **箱几凳**

这款箱几凳灵感来源于小时候对奶奶的回忆。旧樟木箱子是奶奶出嫁时的嫁妆，承载了她很多的回忆，她会把所有她觉得好的东西珍藏在里面，最后都是留给我们。对我们来说看到箱子就会回忆起奶奶对我们的疼爱。一个大箱子的大小适合做两个矮凳，同时保留箱子收藏的功能，小箱子可以放在大箱子里，不用的时候合上箱子节省空间。

松木，670mm×450mm×330mm，360mm×385mm×260mm，第6届银奖，2013年

若古　钟声

古旧家具是祖先留给我们的宝贵物质和精神文明遗产，是凝结的、不可再生的文化资源。大漆是大自然赋予我们的中国最古老的传统媒材。遗留下来的古旧家具因使用和存放不当等人为因素出现了破损、残缺。通过复杂而科学的手段还原修复出原有的材料性能、结构、工艺的同时，我更着重从人文、历史、艺术等多方面入手，对古旧家具进行再造，将设计元素嫁接到木家具原本的形态中，找寻新的理念表达。

榆木、大漆，440mm×530mm×1020mm，2013年

付爱臣　**大师椅**

作品用亚克力再创作了中国传统的民间座椅——条凳。亚克力的色彩采用了靓丽的波普色，与传统来自普通百姓家的长凳造型结合。既表现了传统和现代的视觉融合，又深层次地尝试了变用传统的新古典主义手段。

亚克力，1200mm×300mm×300mm，2007年

座椅8号　吴卓阳

这是作者原有系列作品的改进设计，此系列是在继承传统榫卯结构的基础上，对椅子的结构进行创新设计。同时对座椅的比例和模数关系进行了系统化设计。

作品的灵感来自对中国书法艺术的体会，将书法中抑扬顿挫的韵律感融入到家具设计之中。注重线条的表现，将柔美的曲线与硬朗的木材相结合，从而使作品具有独特的气质。

黑胡桃，700mm×600mm×800mm，2012年

薛延年　**端坐椅**

在没有人坐的情况下，椅子是倾斜的，失去了椅子的意义，当人坐上时，椅子因为重心改变而端正。它将所要表达的礼仪融入坐的行为中，长者是我们成长的导师，是值得尊敬的，为我们所效仿。所谓的端坐，有两个意思，当“我”与长者交谈时应该是端坐的，这是对长者的一种尊敬；同时长者的良好坐姿也是后人效仿学习的榜样，应形成一种端坐的风尚。

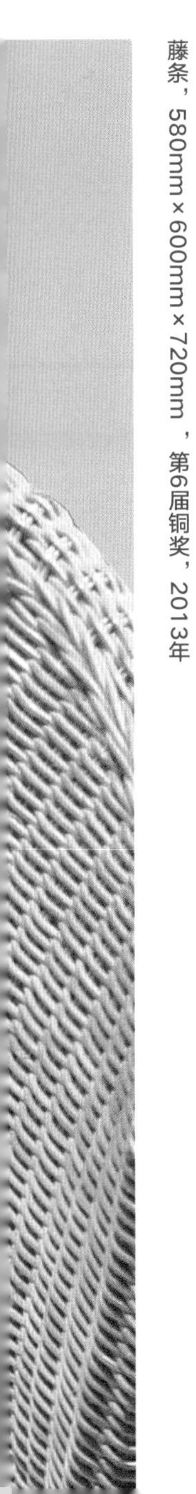

藤条，580mm×600mm×720mm，第6届铜奖，2013年

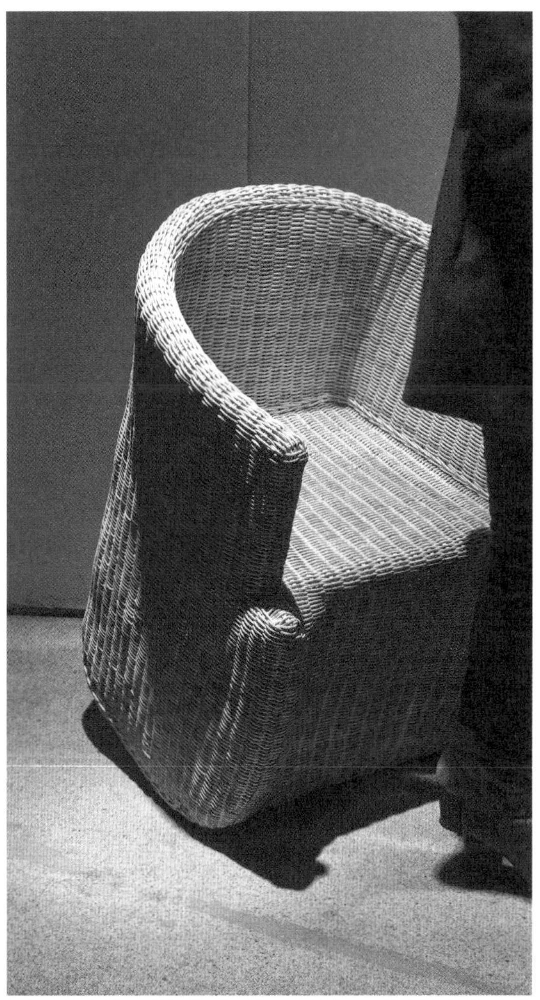

郑韬凯　**花凳**

“花凳”最早创作于 2003 年，是一把木制的小凳子。榫卯的构造，小巧简单，用在玄关穿鞋或家里休闲用。一直有想用新材料来再创作和改良它的想法。在“云”作品完成后，就决定用透明亚克力来完成这个想法。新材料对造型提出了新的要求，再考虑到切割的工艺，在多次对原型进行调整后，就成了现在的模样。

亚克力，300mm×300mm×250mm，2013年

无知　侯正光

作品用传统的再造表达对“无知”的释疑与观望。设计不仅是为人的物质服务，更是审美与观念的物化承载。作品用作者之言解读为：用敬畏之心改变，用谦虚之心表达，用尊重之心设计，无知者无畏但敬畏，知无知，而后有知。 以此设计向明式南官帽椅致敬。

胡桃木，550mm×550mm×800mm，2011年

张可人　**伴随**

候旭南

经过岁月的洗礼、成长积累、沉淀后方为长者。作品分为三个部分：童年的纯粹、青年的耀眼、年长的沉稳。每一次的累加就是一种沉淀积累的过程，当最终组合到一起的时候才是展现长者这种状态的时刻，并陪伴着我们的一生。这是一把长存的椅子，也是体现“伴随”的坐器。

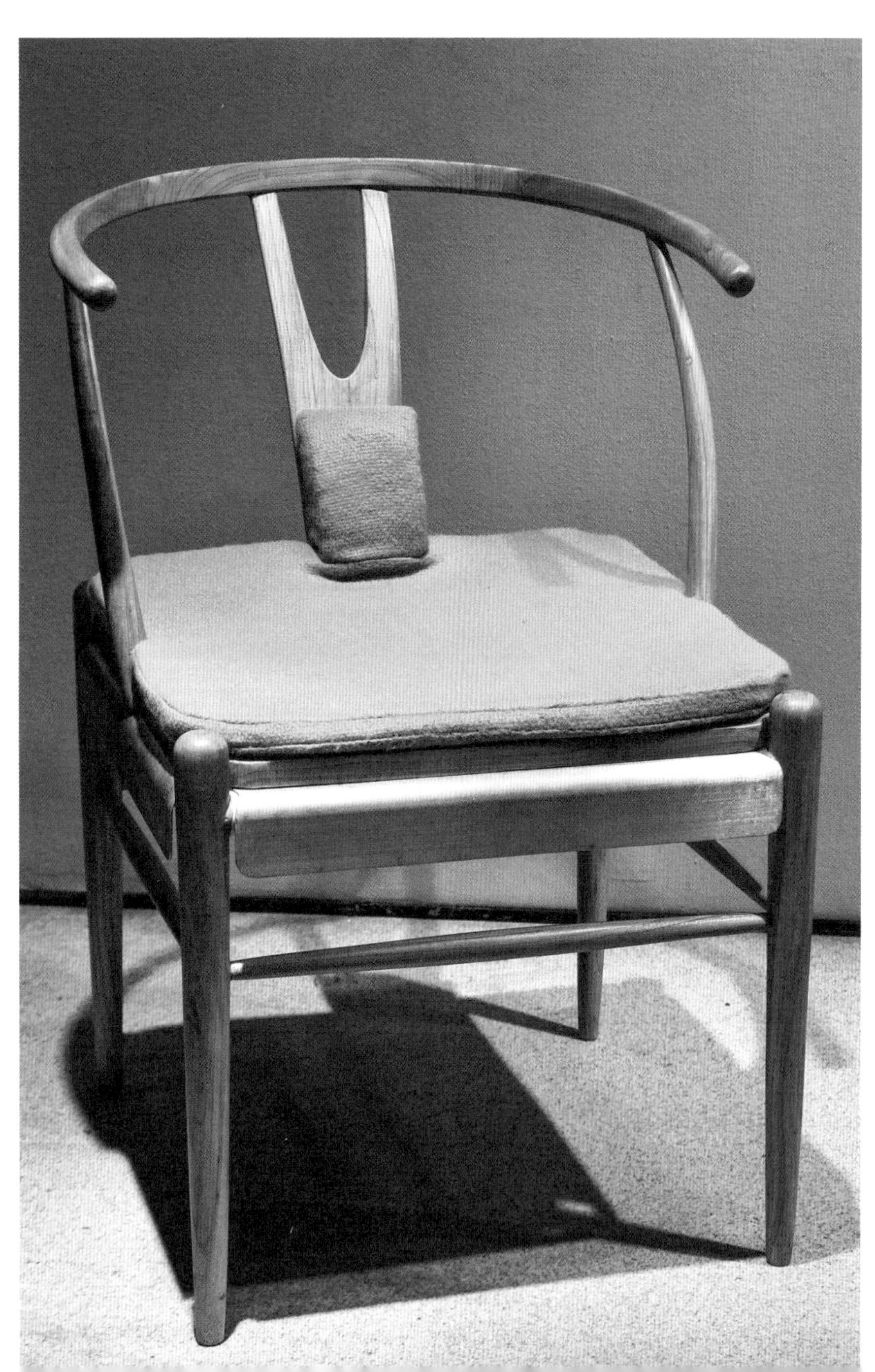

榆木、黄铜、彩色麻绳，530mm×530mm×750mm，第6届优秀设计奖，2013年

萨椅子　萨日娜

作者在传统圈椅的造型上敷贴了自己的材料语言，几乎完全保留了传统家具圈椅的外形，但毛毡的质感和色彩赋予了作品全新的视观。“萨”不仅强调了作者的创作自信，更是对时代设计时尚中强调个性表达的特点解读。

木、毛毡，1000mm×680mm×630mm，2011年

沈源远　**厨房椅**

每当假期回家，看到爸妈在厨房准备食材，一待就是大半天，十分辛苦，我就想做一把在厨房里用的坐凳。它的原理很简单，几个板块拼接结合，坐面稍有倾斜，更方便使用者在洗菜池工作，而椅身为折叠的，需要时可展开成坐凳，不用时可折叠收起，不占地方。

密度板，400mm×450mm×750mm，第6届优秀设计奖，2013年

追忆　林芳璐　石丹彤

情感是此设计作品的主要诉求。漂浮起的，不仅仅是对长者与童年的回响，更是每个人心中潜伏的对过去的记忆和对未来的梦想。红气球被线牵扯着，如同长者牵着孩子。底端的小马扎，半浮半落，重温幼儿时代与长者在一起的体验；另一端牵引着漂浮的气球，是对未来的凝望。作品是对过去记忆和未来梦想的叠加感悟。

透明充气塑料，250mm×300mm×400mm、1400mm×400mm，第6届优秀设计奖，2013年

Luigi Colani　禅

席地而坐中的跪坐本来是东方传统的礼仪坐姿，表示对尊长的敬畏。“跪”是用膝盖跪坐，“坐”是用臀部坐在凳子上，克拉尼巧妙地将这两种坐的方式结合在一个坐具上，折射出他对东西方“坐”文化的理解。作品的流线型表现是大师一贯的风格。

有机树脂，450mm×400mm×500mm，2005年

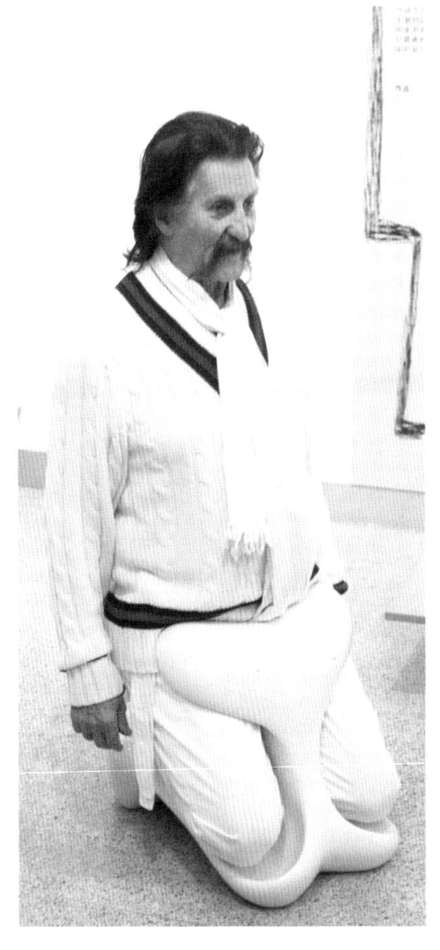

黑川雅之　**曼荼罗**

曼荼罗在藏传佛教的术语中是聚集圣贤、功德等能量的神圣地带。用佛、众神、符号、文字等视觉化形象来表现神圣地带。作品应用传统大漆黑红二色，圈背线条带有曼荼罗式神秘旋转感，作品体现出开放性、精致中显现出刚柔与阴阳的对比。

木、漆、皮，520mm×620mm×720mm，2013年

悟（杌）凳 王善祥

借用中国民间传统家具——杌（与悟同音）凳，这一在过去几乎家家都有的日用品形式。凳子用回收来的老榆木制作，腿等其他部位样式与传统家具没有不同，但就是凳面板以整块木材削切、雕刻扭曲 180 度的形状，来表达某种顿悟后的明了。

老榆木，1600mm×280mm×620mm，2008年

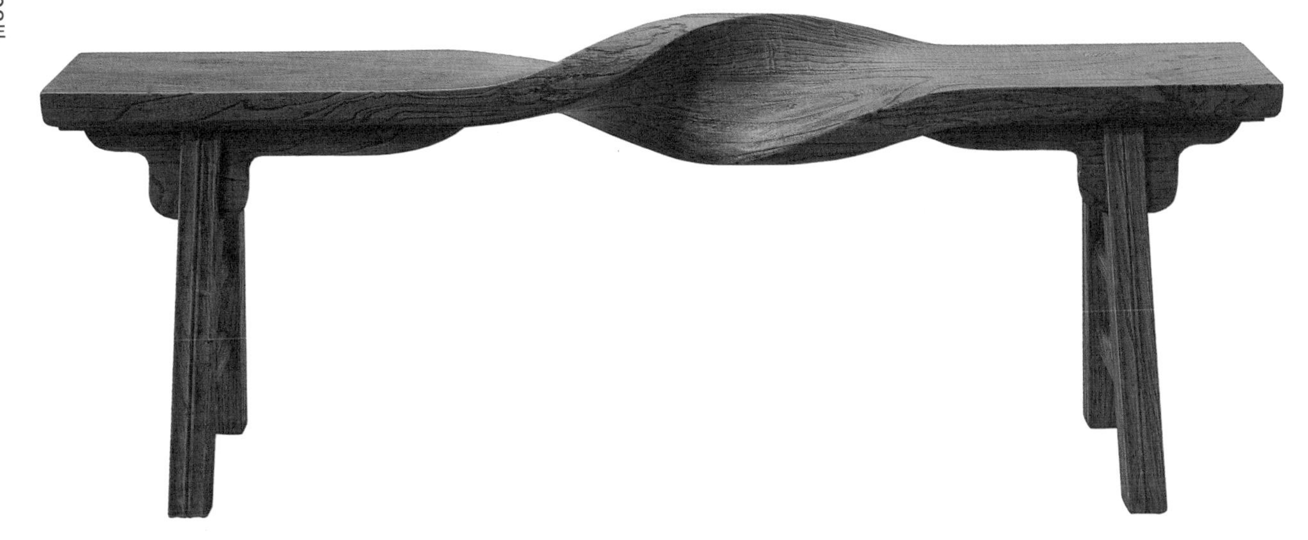

李永玲　**温暖的记忆**

作品来自对长者们的回忆。传统的来自民间的凳子是作者曾经的长者记忆，敷贴的花布来自童年对母亲的怀恋，通过花布色彩的对比映射，将北方民间的淳朴厚重的情感色彩带入现代人的围观中。

旧衣物、旧家具，380mm×200mm×450mm，2013年

和合椅　崔华峰

“和・合”讲的是“心”和“情”的故事：

“心”不一则难“和”，“情”不投则意不合。遇到任何事情，都要勇于面对。作品将传统家具的理解提升为现代方式，从功能上除了满座二人近距离的靠坐，还取意使用者的关系，附加了距离与关系及情感的设计理念。

榆木，1380mm×580mm×760mm，2005年

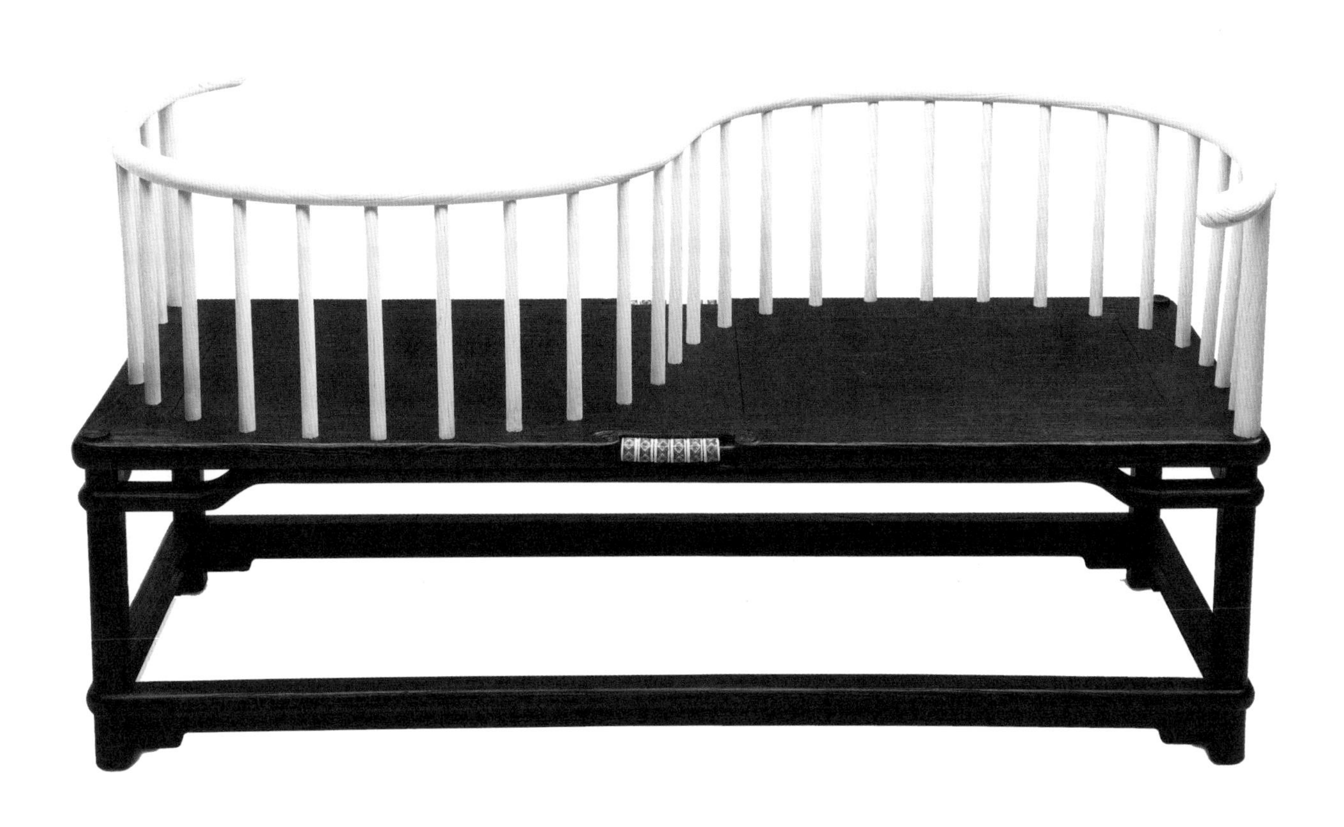

杨帆 螭

螭，传说为无角之龙（或说母龙），多为中国古建和文房中的装饰形象。历代对其造型都有尝试。此“螭”作品采用玻璃钢成型，金属色泽配合了螭作为龙子的刚阳气质。不仅可坐，还具有形态的艺术表达功能，观之怡然。

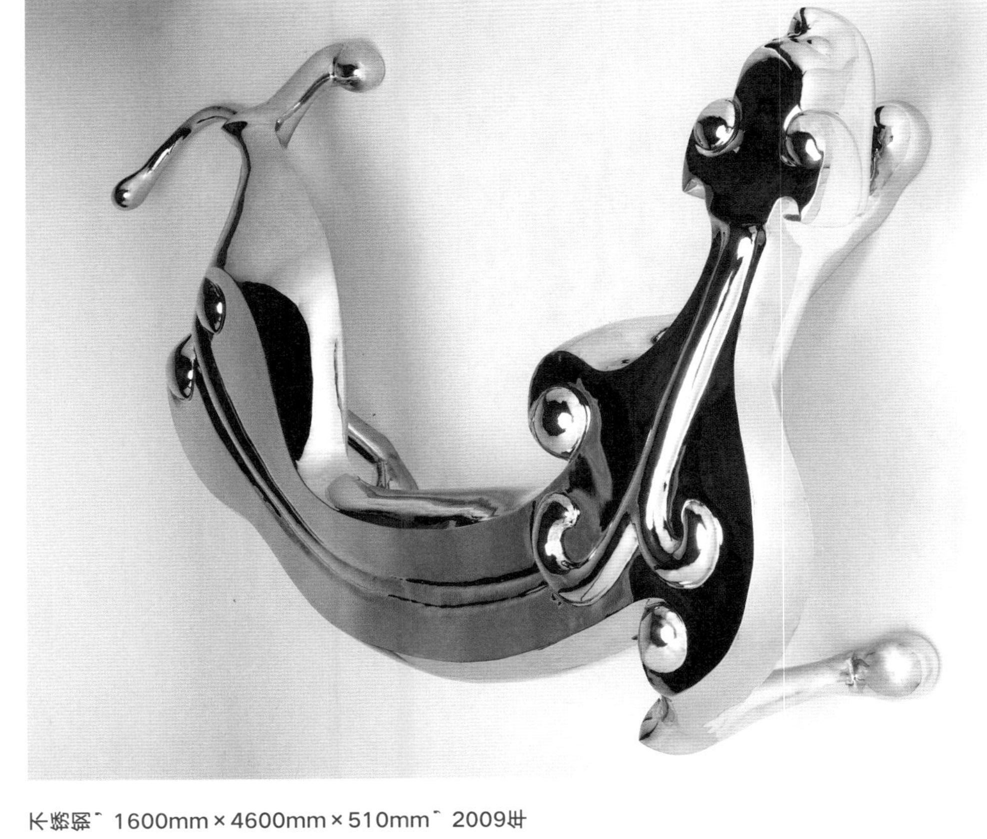

不锈钢，1600mm×4600mm×510mm，2009年

回顾篇

8 “为坐而设计”大事记　196 历届“为坐而设计”大奖赛作品图录　204 “为坐而设计”国际评审名录　209 国际知名设计师邀请名录

1997

“椅子设计展”

提到“为坐而设计”赛事的缘起，就不得不提早在1997年12月，在中央美术学院通道画廊举办的“椅子设计展”。当时，中央美术学院设计系刚成立2年，只有环艺和平面两个专业的40多名学生，设计系的学生会刚刚设立，当时的几名学生会骨干组织发起了一次关于椅子设计的创作活动，并请来江黎老师指导。就这样，大家奋战了一个月，在当年的12月底，学校的“通道画廊”（当时二厂校区一层雕塑系楼道）展示了一个名为“椅子设计展”的展览，肖勇老师创作了一张极为有创意的海报（海报的图形就成为后来“为坐而设计”logo的基本形），约30件形态各异的作品稠密地摆放在狭窄的楼道“画廊”。

中国的20世纪90年代后半叶，设计事业刚刚起步，平面设计和室内设计在社会上已初显起色，但产品创意设计似乎还处在懵懂阶段……模仿国外的款型是生产企业和市场操作的主导，产品的自主创意设计还无人问津。在这种情况下，1997年的这次椅子设计活动就显得十分可贵，它的价值在于我们有了第一次真正意义上的原创设计展。

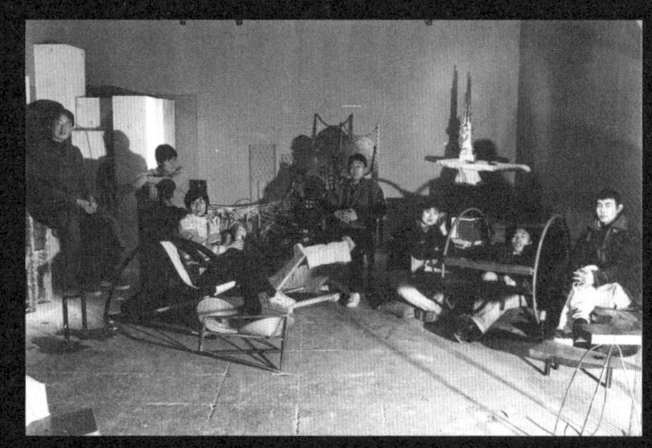

P1

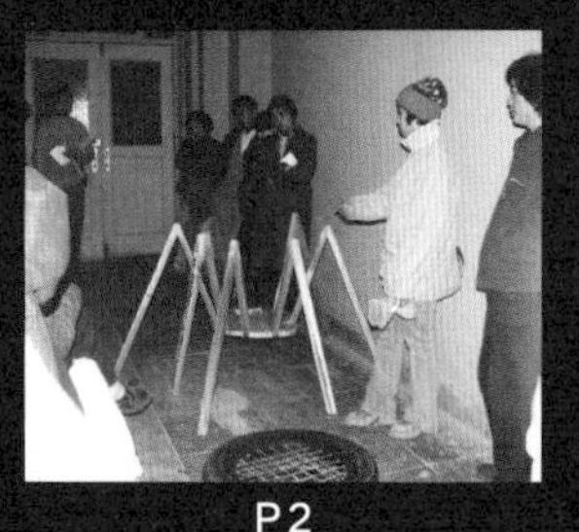

P2

P3

P1　1997年椅子设计展师生合影

P2　1997年椅子设计展作品答辩现场

P3　1997年椅子设计展作品试坐

2002
“为坐而设计”

新世纪初始的2002年，中央美术学院设计系更名为设计学院。时值中国经济腾飞、各行业以前所未有的速度向国际市场发展的阶段，在设计教育方面，全国开设家具设计学科的学校本就屈指可数，针对原创设计的启蒙教育，更是尚未得到足够的重视。在这种情况下如何体现创意设计也就无从谈起。基于这种状况，中央美术学院的设计学科，其方向就是提倡艺术与人文精神，强调原创设计思维。因此我们引发出了为“坐”的行为而设计的议题，以“为坐而设计”命名举办全球性的设计赛事，从而找到最根本的设计出发点。

第1届“为坐而设计”入选参加展出的作品近60件，在60件作品的展览场内评选出获奖作品。这一届的评审团国际化阵容强大，由当代国际家具设计大师喜多俊之作评委主席，评审团由中、德、英、日、意设计界知名教授及专家组成，可以说评判的水准是国际化的、标准是公正的，也奠定了之后大赛以国际化高规格评判奖项的基准。

P4

P5

P4 第1届“为坐而设计”大奖赛展览现场

P5 第1届“为坐而设计”评审团：从左至右依次是山中晴夫、藤崎诚、Fabiziod de leva、喜多俊之、Volker Albus、柳冠中、石振宇、Drew Plunktt、江黎

2005

第2届“为坐而设计”

2005年的中国教育界对原创设计的认识开始觉醒，全国各设计院校参与“为坐而设计”大奖赛的稿件数量近千件，入围作品比前一届增加了一倍，作品的形式丰富多样，其中不乏创意独到的设计作品。评委主席克拉尼先生面对众多设计稿件，赞叹中国年轻人的创意太不可思议了。2005年11月初近100多件作品在中央美术学院展厅和校园草坪展出，有的设计甚至是根据具体的公共场所设计和制作的，这成为这届赛事的亮点。

此届赛事出现了许多富有创意的好作品，评委们对参赛作品给予了高度评价。如果说第1届设计大赛中的有些作品，在众多的外国评委们眼里还认为有西方当代设计的影子，那么，第2届的多数作品，特别是获奖作品，在评委看来已经有了中国本土现代设计的风貌。参赛者当中大部分是来自设计院校的学生，还有一部分是职业设计师和艺术家，使参赛作品的质量和水准得到了一定的提升。

P6

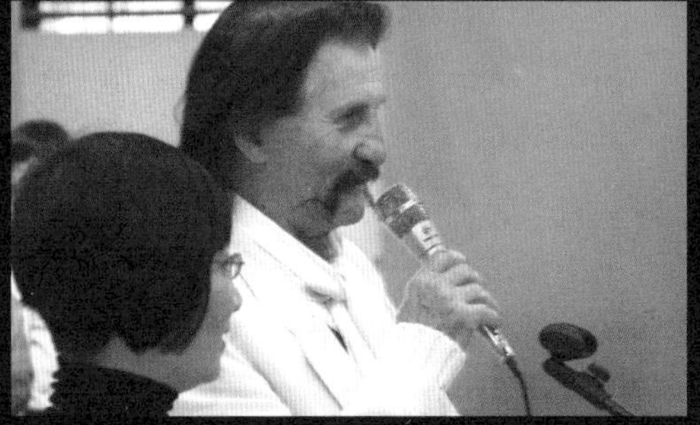

P7

P8

P6　第2届“为坐而设计”大奖赛开幕式现场，中央美术学院院长潘公凯、设计学院院长王敏参加开幕式并致辞。左起：Luigi Colani、王敏、潘公凯、方海、栗本夏树、Volker Albus、江黎、石振宇

P7　第2届“为坐而设计”大奖赛国际评委主席Luigi Colani致辞

P8　第2届“为坐而设计”大奖赛评审团成员对户外参赛作品进行评审

2007

第3届“为坐而设计”

正值2008年举办北京奥运会前夕，第3届“为坐而设计”大奖赛打出了“绿色，科技，人文”的奥运主题。在策划初始，将这一概念融入此届设计主题之中，给出绿色设计的限定条件，导向性地把设计指向保护环境资源、提倡可持续发展的设计理念上。在这一届大赛作品展同期，由朱小杰先生提议并策划推出“30把椅子”国际知名设计师作品邀请展，把国内外有影响的设计师和艺术家作品聚集在这个平台上进行交流，提高赛事的专业化层次和观赏水平。与此同时也更多地关注到与市场和企业有机结合的可能性。这也符合了我们的终极目的——要使单纯的学术性设计活动，走出学院的殿堂，与企业和商业有更为深层次的联系。

这次参赛作品有99件，其中不乏德国及中国港台地区设计学人的优秀作品，把这届大赛国际化水平和影响力推向更高的台阶，使社会影响逐渐扩大，部分展品被北京歌华集团邀请做巡回展，并与荷兰前卫设计品牌droog展，在同一个地点歌华大厦进行交流展出。这也意味着“为坐而设计”向国际创意设计舞台迈开了一大步。

P9

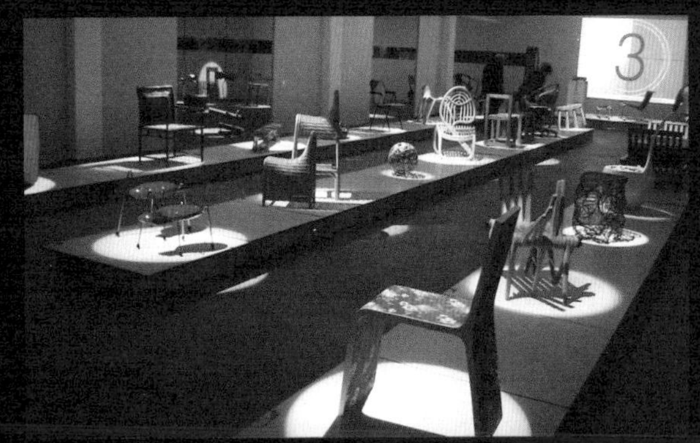

P10

P11

P9 第3届“为坐而设计”大奖赛评审团在中央美术学院展厅合影。左起：朱小杰、张宝玮、江黎、Bernad Meyerspeer、谭平、石振宇、梁明、王敏

P10 第3届“为坐而设计”大奖赛作品展和“30把椅子”国际知名设计师作品邀请展现场

P11 第3届“为坐而设计”大奖赛歌华大厦巡展现场

2009

第4届“为坐而设计”

2009年正值全国城市环境改造建设的热潮之中，人们对于公共设施中坐具形态的多样性需求、公共环境中人们对坐的需求、坐具与环境景观艺术的关系等问题也随之成为热门话题。第4届大赛的命题是“户外公共坐具设计”，目的是以设计的实践给这类话题的讨论添加诸多的参考实例。这一年世界设计大会在北京召开，“为坐而设计”作品展也成为大会中一项重要展览之一。这届大奖赛得到了国际太古地产集团的支持，在三里屯Village户外公共空间举办的第4届“为坐而设计”作品共144件，加之“40把椅子”国际知名设计师作品邀请展，给新落成的新型国际化商业空间带来了勃勃生机，也给世界设计大会在中国的成功举办，带来了创意设计新气象。这届大赛在商业空间举办的意义还在于，从往届的展厅中走出，进入大众视野，展品与观众产生了真正意义上的互动。在两个月的展出期间，游客穿梭于各式户外家具作品当中，纷纷到作品上试坐、互动玩乐、合影留念。为三里屯Village的休闲空间提升了文化艺术氛围，促进了社会对创意设计理解和关注。

“为坐而设计”大赛从这一届开始，获得多方的支持，各地的巡展邀请不断，得到大赛最忠实的赞助商意大利家具品牌代理商“丰意德”的热情邀请，将公司庭院作为巡展场地，也为该企业在扶持中国原创设计的同时提升了品牌的文化内涵。2010年3月大赛受到第25届中国广州国际家具博览会的邀请，将30余件优秀作品运往广州琶洲馆与十几万来自世界各国的观众、经销商见面，扩大了大赛在国内外业界的影响力。

P12

P13

P14

P12 第4届“为坐而设计”大奖赛开幕式嘉宾及评委们合影。左起李莉、许平、孙江梅、Volker Albus、Werner Aisslinger、柳冠中、江黎。右1彭亮、右3朱小杰、右4石振宇

P13 第4届“为坐而设计”大奖赛开幕式上，评委会主席Volker Albus致辞

P14 第4届“为坐而设计”作品在广州国际家具博览会

2011

第5届“为坐而设计”

第5届“为坐而设计”大奖赛主题为“坐与其他行为”，是由大赛国际评委“新德国设计”的领军学术权威阿尔布斯教授提出，他也担任了这一届的评委会主席。这一命题对坐的行为向更深层次的复合性行为方面进行设计探讨，设计焦点聚集到人与物的行为关系的设计体验中，在满足“坐”的同时，还要伴随学习、工作、娱乐、游戏、行动、睡觉、休闲等行为，将设计架构在“坐”的行为之上所能发生的其他行为。在167件展出作品中体现了设计者对日常行为方式的观察与独立思考能力，具有非常强的设计原创性，国际评委们也给予了高度评价，认为这一届参赛作品水平比往届更有设计的独创性，可以看到中国的原创设计在整体水平上有所提高。

大赛作品展设在中央美术学院新落成的美术馆，大师云集的“50把椅子”国际知名设计师作品邀请展也同期举行。邀请展得到世界各地著名设计大师的支持，征集到了菲利普·斯塔克（法国）、汤姆·鲁斯（美国）、喜多俊之（日本）、黑川雅之（日本）、沃克·阿尔布斯（德国）、保罗·理查德（意大利）等国际著名大师的作品。

2012年，部分大赛优秀作品先后被送到北京798艺术区的+86设计博物馆、广州的红专厂艺术区、天津美术学院、国家会议中心展馆、上海的吉盛伟邦家居博览中心、上海新光天地、北京设计周大栅栏展区、无锡广益家居城等地进行全国性巡展，将“为坐而设计”大赛成果与全国各地的观众分享，用实际行动传播原创设计精神。

P15

P16

P17

P18

P15 第5届“为坐而设计”大奖赛评委会成员、赞助单位代表、组委会成员及获奖设计师于中央美术学院美术馆合影。评审团成员：Volker Albus、喜多俊之、Bill Dunster、林衍堂、谭平、梁明、陈宝光、朱小杰、柳冠中、石振宇、张宝玮、江黎

P16 广州红专厂巡展

P17 第5届“为坐而设计”大奖赛开幕式上，中央美术学院院长潘公凯致辞

P18 “50把椅子”国际设计师知名作品邀请展于中央美术学院美术馆二层展厅

2014

第6届“为坐而设计”

中国即将进入老龄社会，如何应对这个社会问题，是第6届“为坐而设计”大奖赛的设计命题——“坐与长者”，意在让参赛者从本身出发，将自己的生活与经历带入对长者、长辈乃至传统文化的关怀与关注。在入选复赛的112件作品中，充分展示了设计者与长者们共处时所引发的对于老龄社会的关注，对传统生活方式及造物方式的回望，挖掘传统文化精髓，从中汲取养分、获取智慧用于自己的设计创意，从多个层面用设计阐释了对“坐与长者”的理解。被国际评委们评价为最具中国特色的一届。

大赛作品展在中央美术学院美术馆展出，同期还有“60把椅子”国际知名设计师作品邀请展、“活着的无名设计”田野文献展，展览分为三个展区，其中“活着的无名设计”田野文献展是首次面向大众，揭示让中国人使用了几十年、几百年、几千年、甚至上万年的坐具，展品是来自不同地域被当地的工匠、手工艺人制造着，被当地的人们使用着的仍然存在着的无名好设计。

大赛作品在中央美术学院美术馆展出后，被英国伦敦中国设计中心、北京朝阳大悦城、天津设计周、广州正佳广场、无锡国际家具城邀请进行各地巡展，并与当地学界做深度交流，其中在广州正佳广场巡展期间举办的“适度设计”论坛尤为引发学界对设计真谛的探讨和深思。

P19

P20

P21

P22

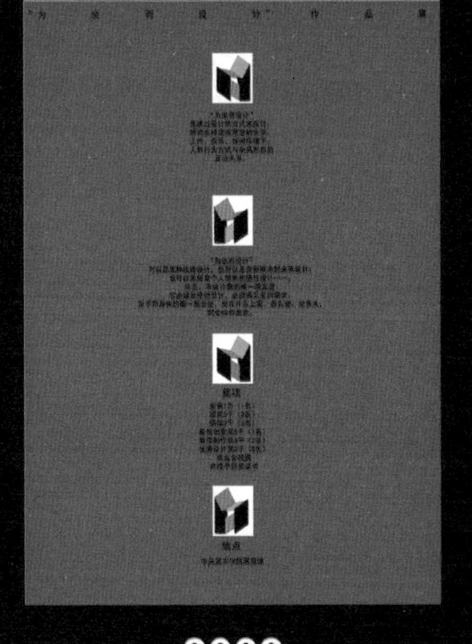

2002

2005

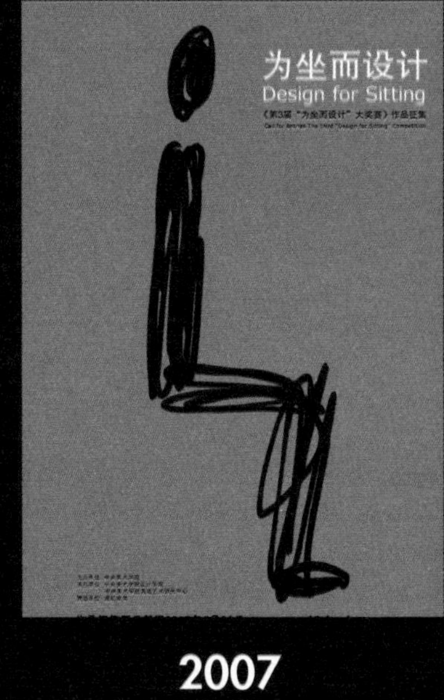

2007

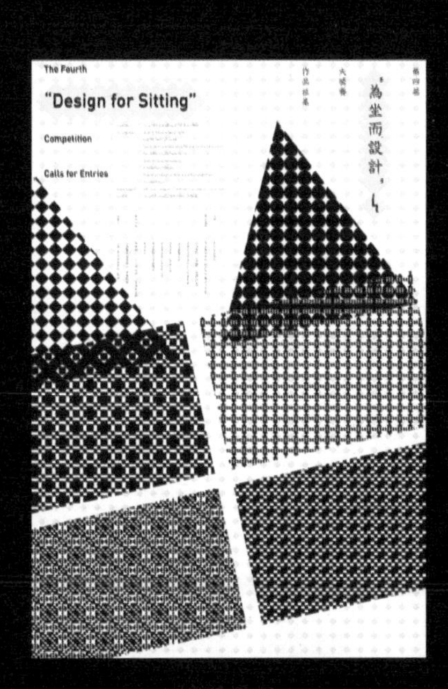

2009

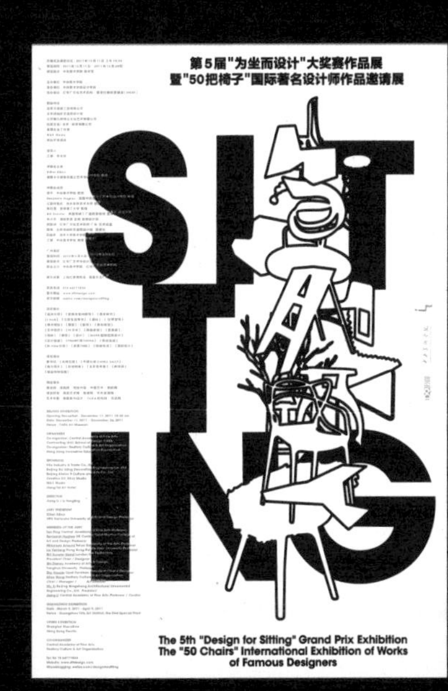

2011

2014

历届“为坐而设计”大奖赛作品图录

第1届

1+1

仰民、柳茹茵
金奖

箱椅

邵帆
银奖

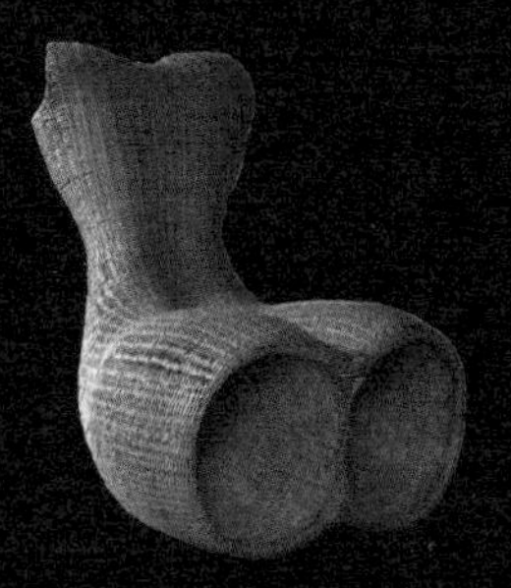

虫椅

章寿品
银奖

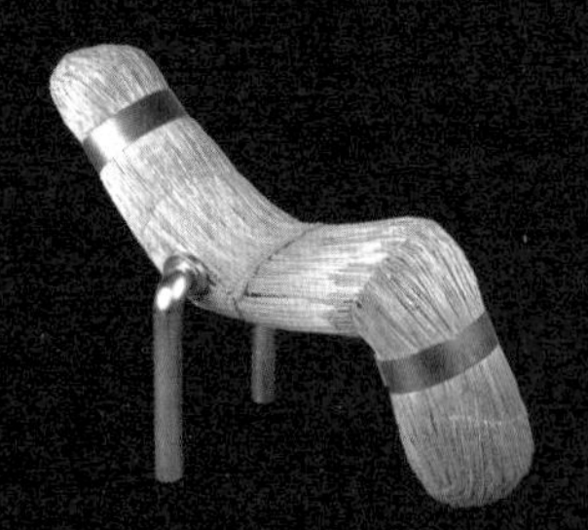

无题

王一川
铜奖

我的氧气

蔡明
铜奖

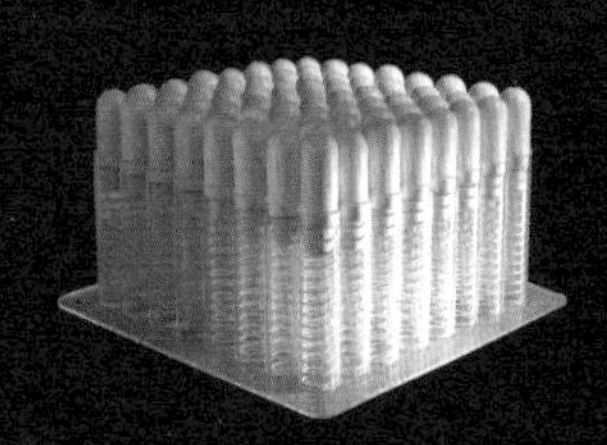

合体

袁路
铜奖

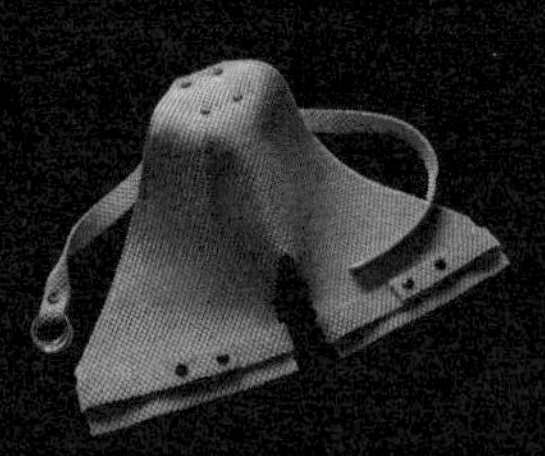

随地而坐

钟岚
最佳创意奖

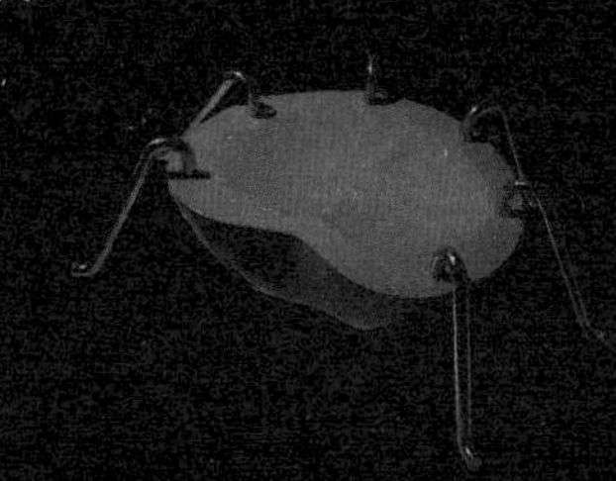

瓢虫椅

刘玲
最佳制作奖

我的座驾

陈雨
最佳制作奖

墙椅

李世奇、刘娟
优秀设计奖

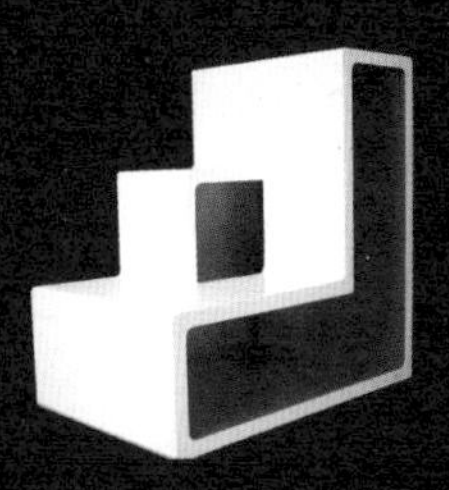

坐，由你决定

冯雪松
优秀设计奖

第2届

纸椅

李道德、唐政、钟华
优秀设计奖

休闲凳

王寒冰
优秀设计奖

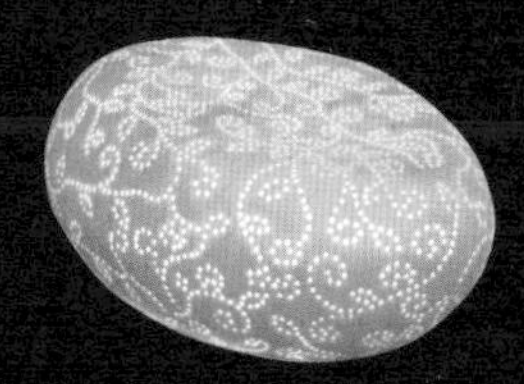

卵生

齐进
金奖

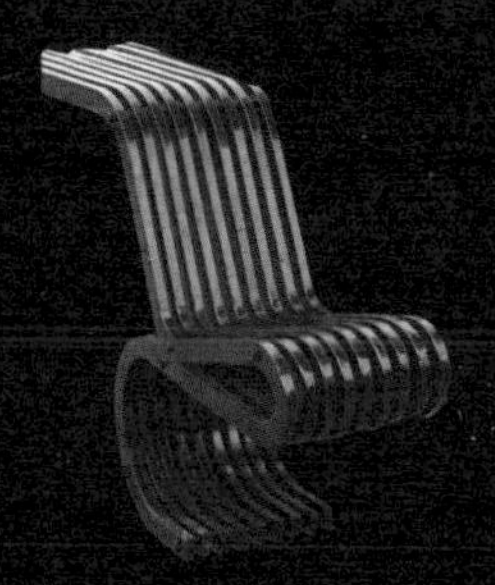

挂

李波、张弘、高星
银奖

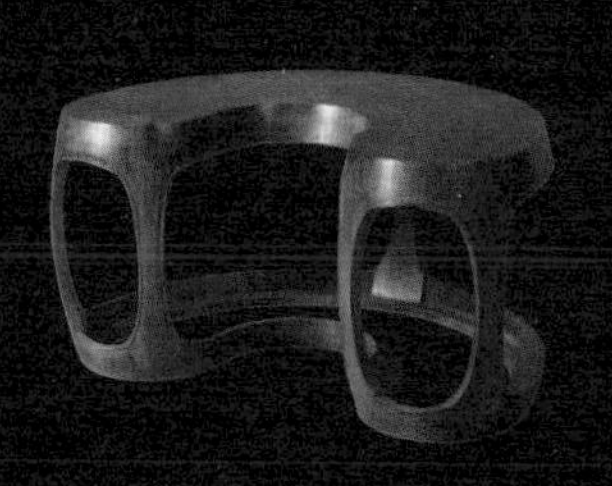

明秀墩

邵帆
银奖

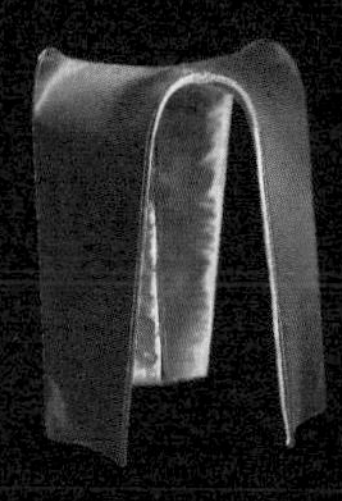

三角形玻璃钢椅

金毅
铜奖

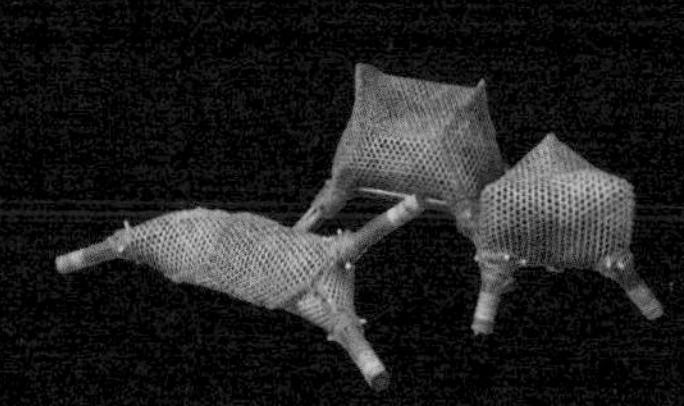

自然

范蕾
铜奖

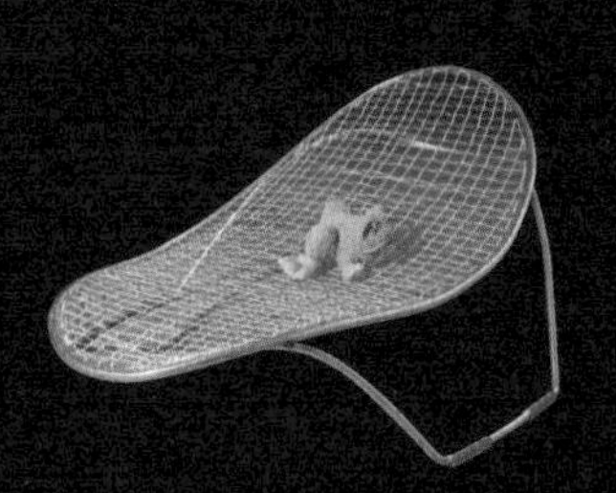

青蛙椅

刘大力、张小琳
铜奖

树椅

李习斌
最佳创意奖

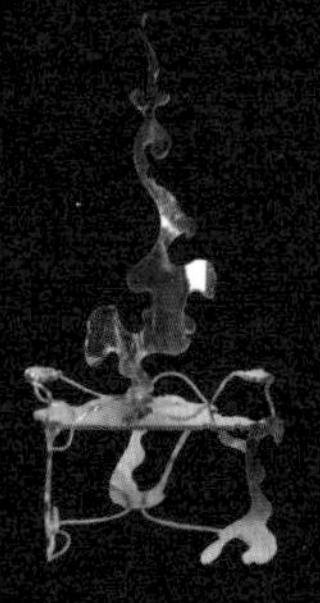

不锈钢椅

师建民
最佳制作奖

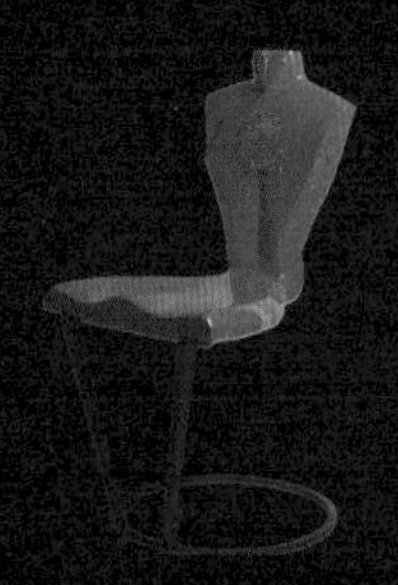

旗袍椅

杨帆
最佳制作奖

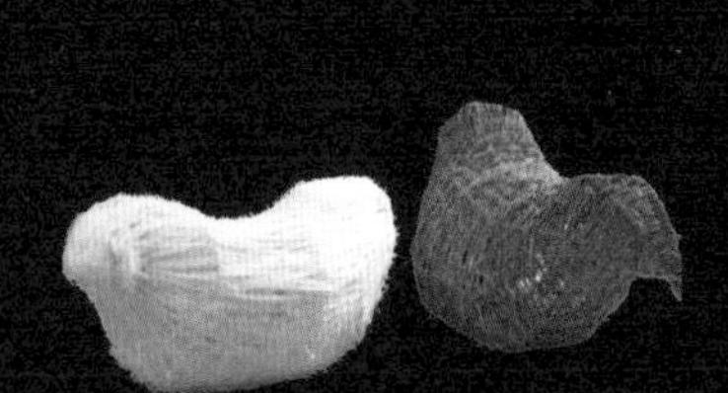

蚕茧

曹细
优秀设计奖

记忆

吴卓阳、王舜舜
优秀设计奖

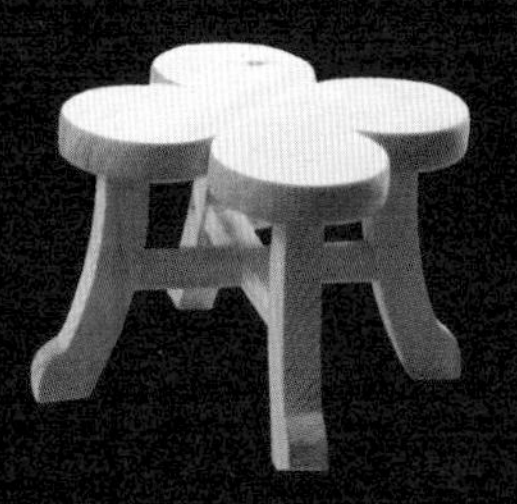

梅花凳

郑韬凯
优秀设计奖

纸凳

阚颖
优秀设计奖

第3届

坐在空气上

杨峰、张静静
优秀设计奖

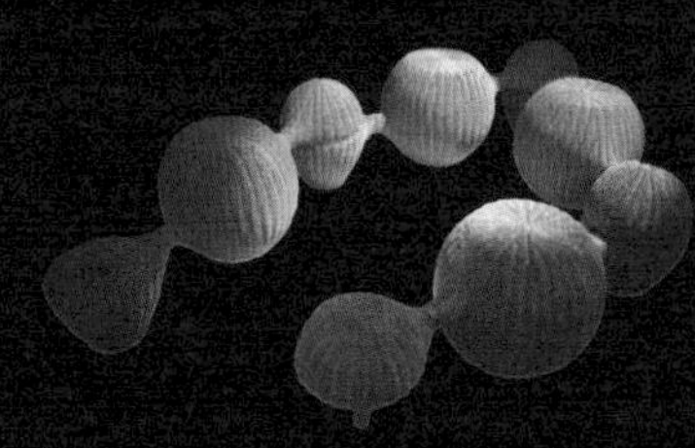

串

刘晓璇
金奖

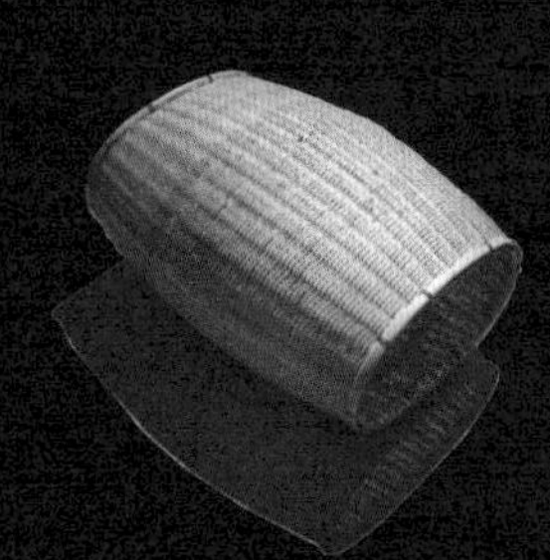

竹墩

Felix Gramm
银奖

云

唐利萍
铜奖

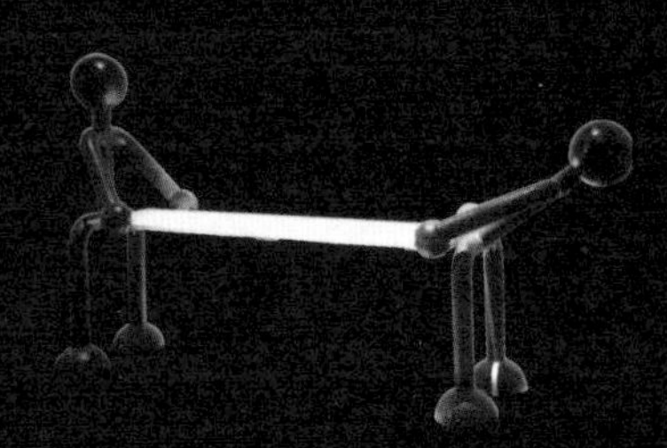

嘿，哥们儿

刘芳
铜奖

藤·动

庹航、韩默
铜奖

与谁同坐

楼照程、王仲玮
最佳创意奖

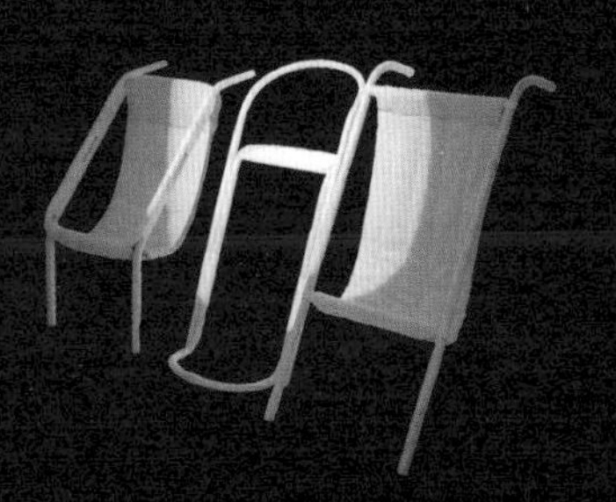

倚

李红、刘琛、李鸿儒、王硕志、王兴华、张昊、朱昀炜
最佳创意奖

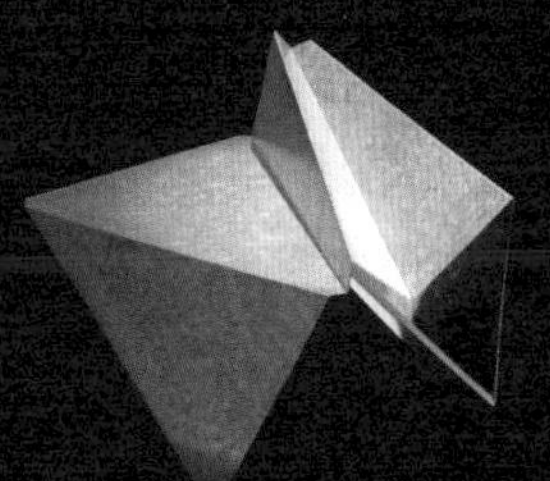

摺凳

陈文珊
最佳制作奖

Curvy Piece

何佩莲
优秀设计奖

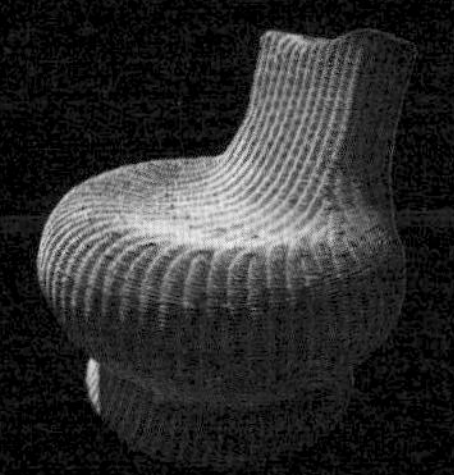

裙椅

萨日娜
优秀设计奖

观赛的椅子

范梦莹
优秀设计奖

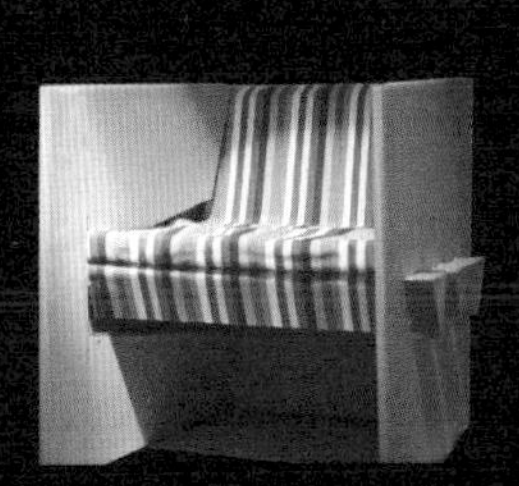

低靠背扶手纸椅

仇宏洲、孙鸿臣
优秀设计奖

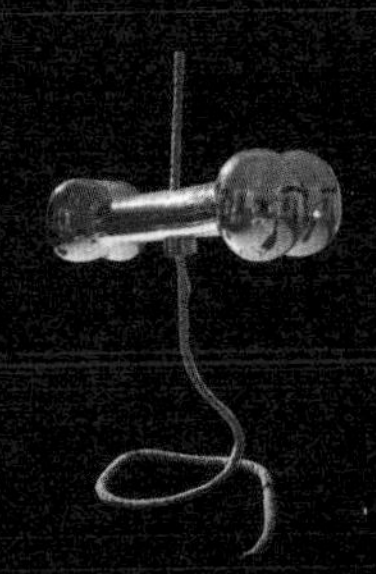

骨儿

陈喆瑶
优秀设计奖

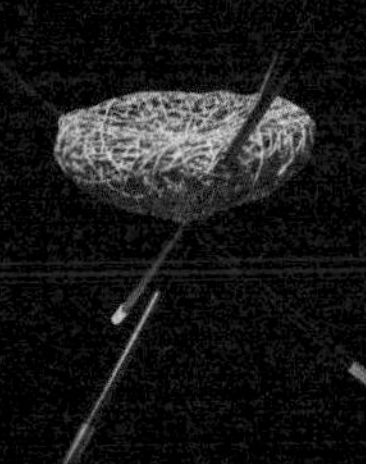

巢

叶鑫
优秀设计奖

第4届

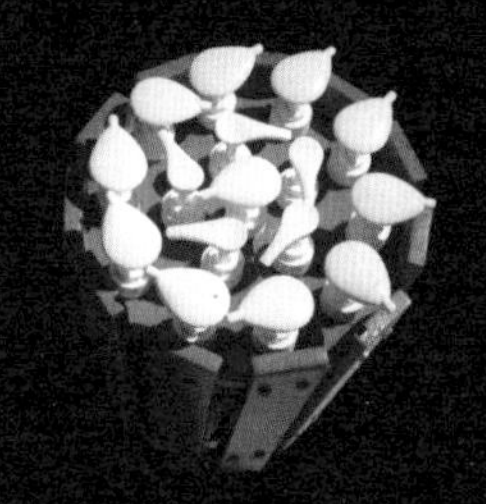

Stretchy Stool

邓一鸣、陈存争
优秀设计奖

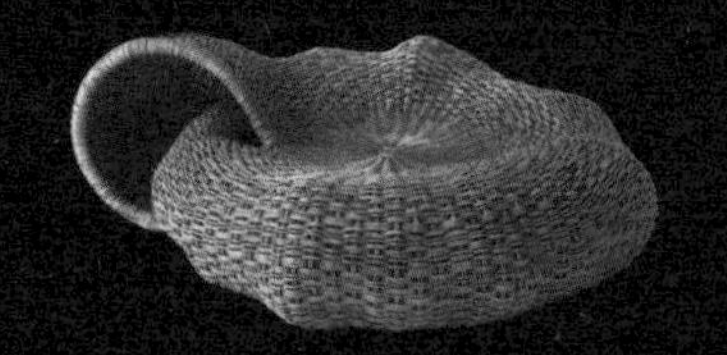

Gaddi for Annie

赵沛
优秀设计奖

模数

侯晓晖
金奖

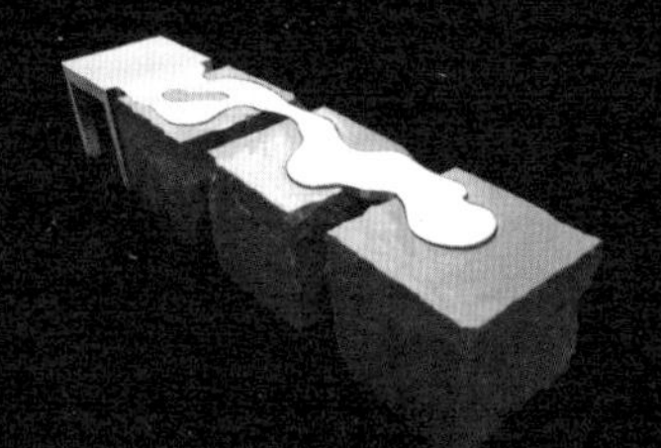

凝

尹春杨
银奖

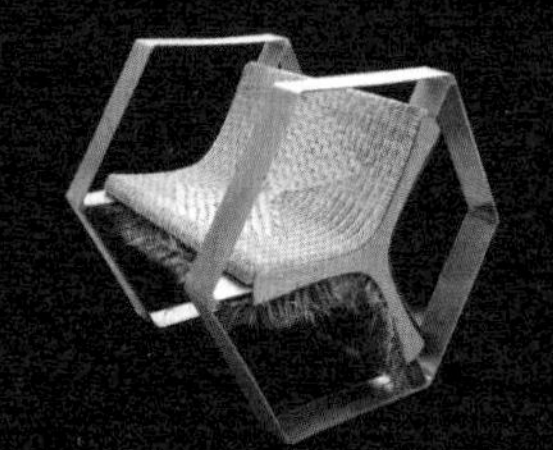

Enjoy Change

郎朗
银奖

换座

路倩
铜奖

镜像与复制

陶璟
铜奖

任意臀形墩

张建
铜奖

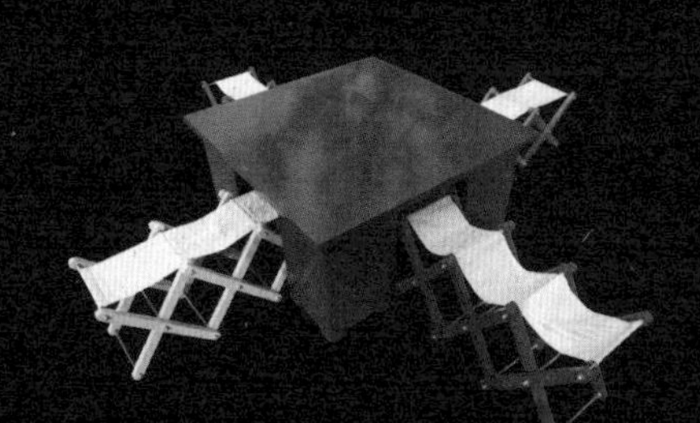

四方连续

王若冰 刘玉佳
最佳创意奖

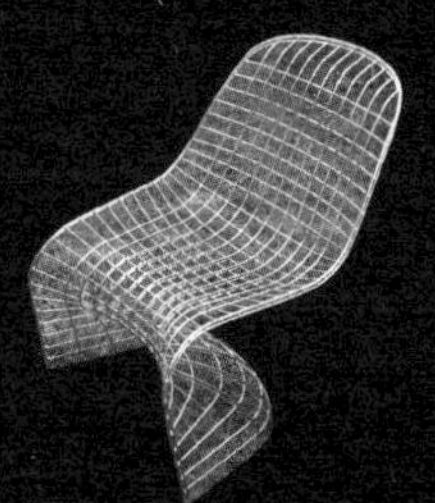

孔雀椅

李福清
最佳制作奖

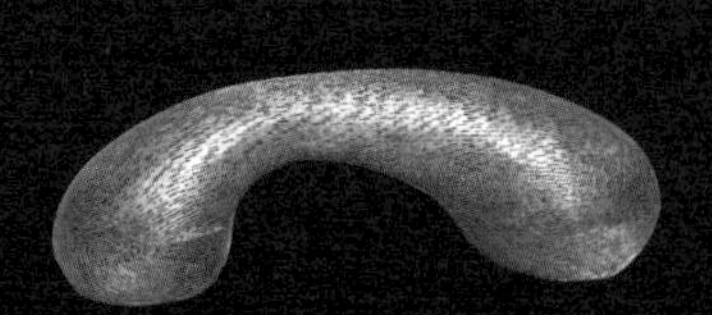

旋涡之一

郑路
最佳制作奖

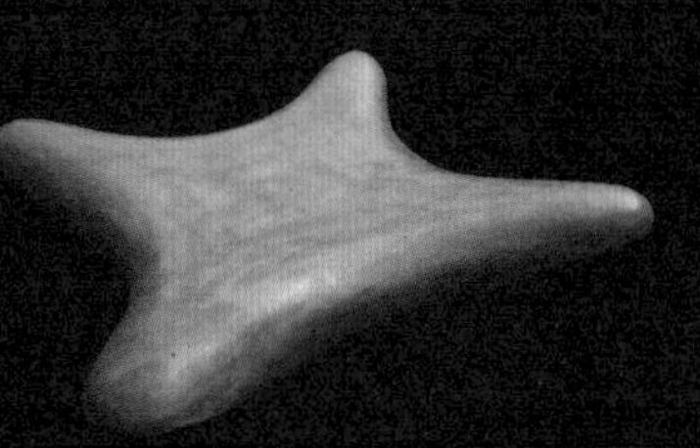

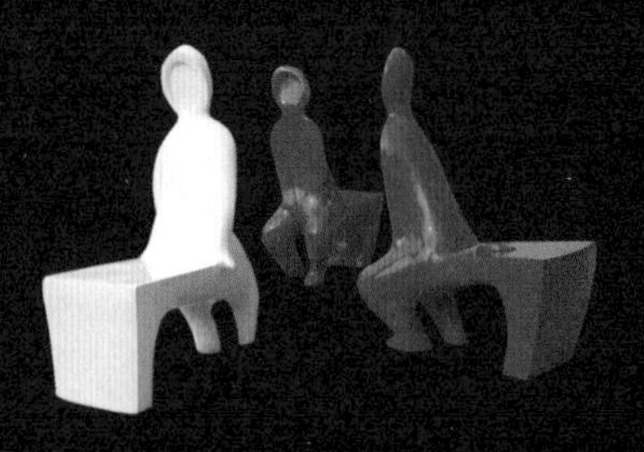

边际—南锣鼓巷

赵娜、赵柏桥、于超然、
王文惠、杨霄、朴中备
优秀设计奖

落入凡间的星尘

孙雷
优秀设计奖

C'estbon

王豪
优秀设计奖

Coffee Chair

肖天宇
优秀设计奖

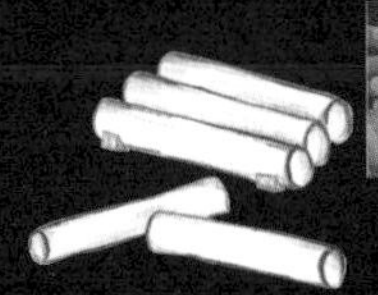

第5届

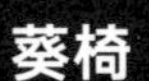
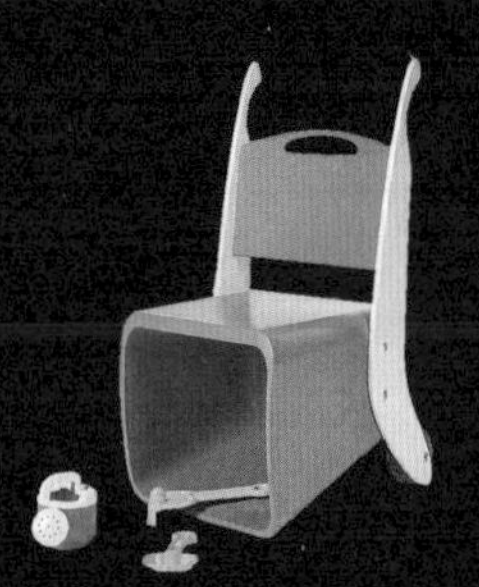

Stem

Sandra
优秀设计奖

葵椅

何牧、张倩
红砖厂设计奖

小小搬运工

杨万里、黄露莎
金奖

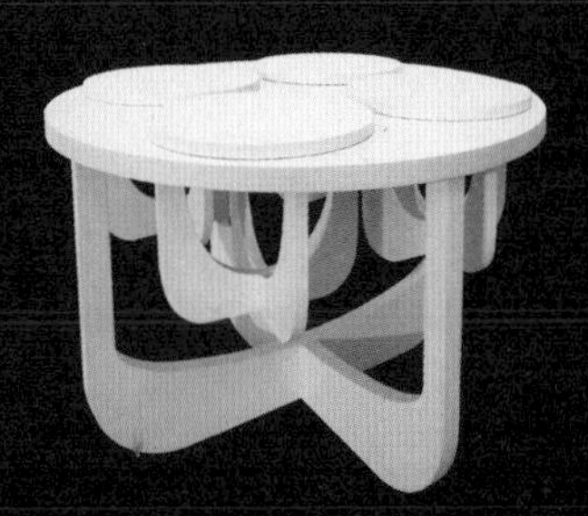
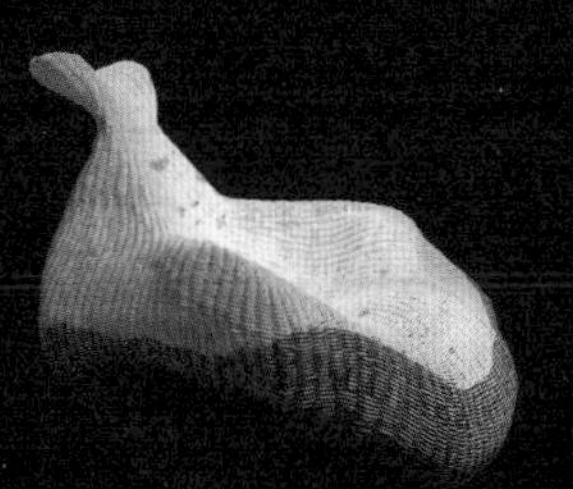
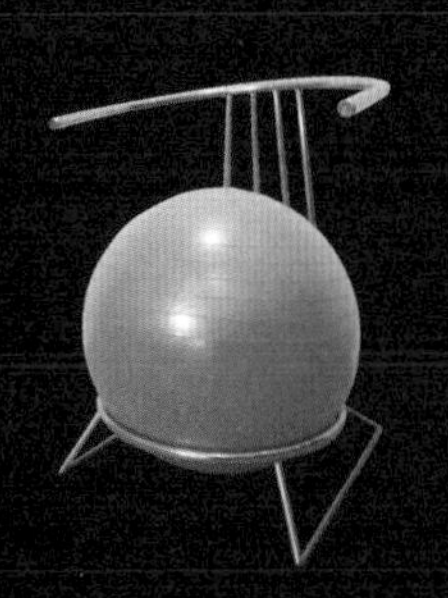
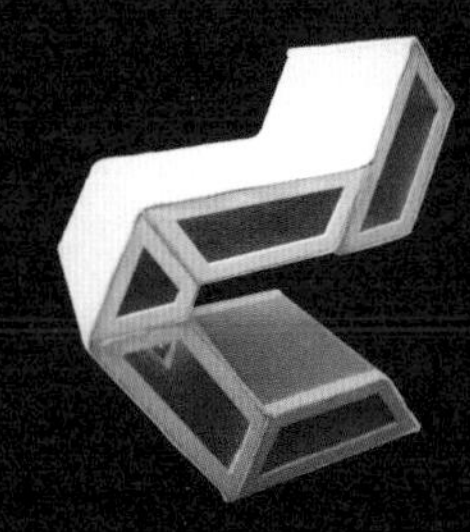

Formation

黎阮芳英、郑玲丹、胡霁月
银奖

藤椅

赖玫
银奖

漂浮的瑜伽球

杨万里、黄露莎
铜奖

色格子

王蕴涵
铜奖

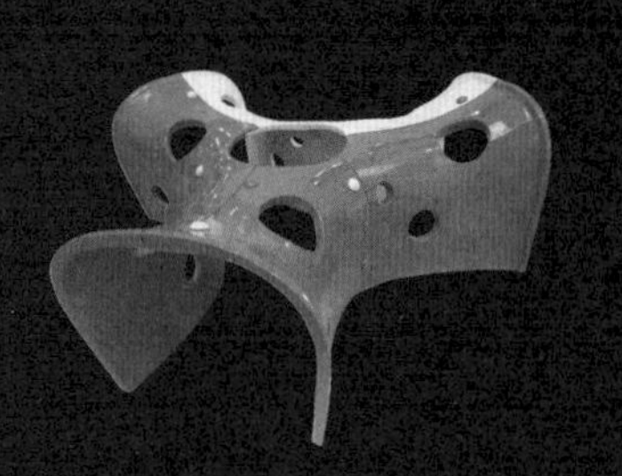

坐与玩儿

李思特、赵意祺
铜奖

植意

齐超
最佳创意奖

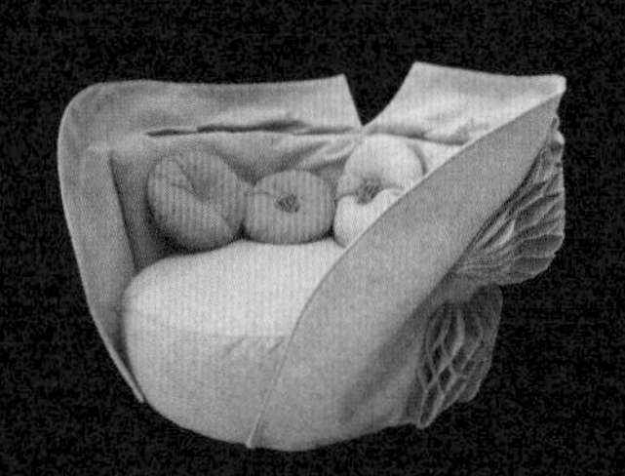

爱·绽放

何倩
最佳制作奖

待waiting

桂琦、何煦
最佳制作奖

回梦

梁文峰
优秀设计奖

摇身椅变

杨茜
优秀设计奖

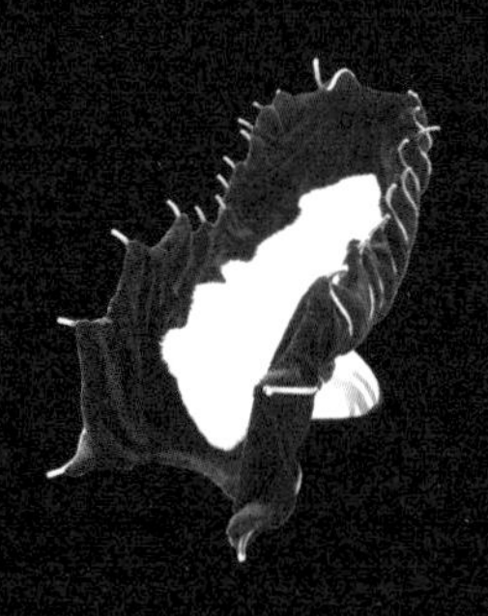

叶笠筷

高玉成
优秀设计奖

跃动魔方

盛云鹏、姜楠、王冬然、徐妍
优秀设计奖

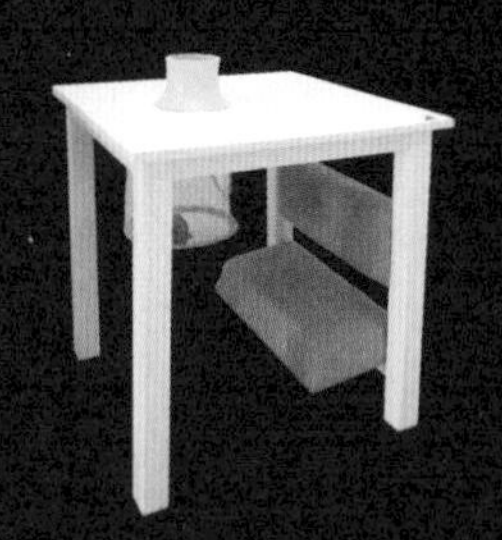

桌子下的小天地

杨子鹏
优秀设计奖

第6届

授与哺

李燕
金奖

凳几箱

刘亚楠
银奖

拐杖·椅

熊子欣、崔强
银奖

编织温暖记忆

康悦
铜奖

端坐椅

薛延年
铜奖

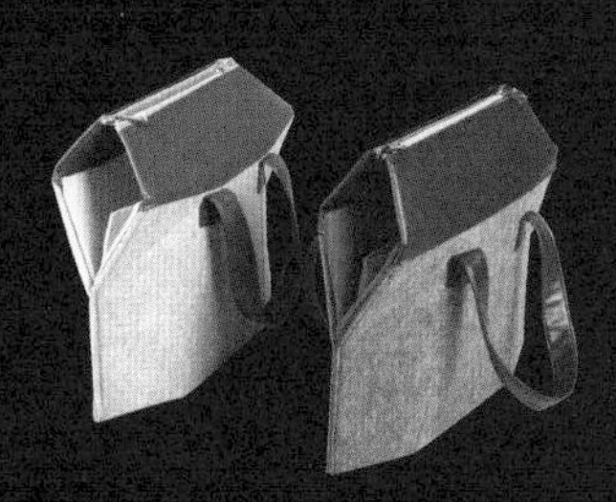

挎包椅

杨晓燕
铜奖

千层底椅

隋昊、张晗
最佳创意奖

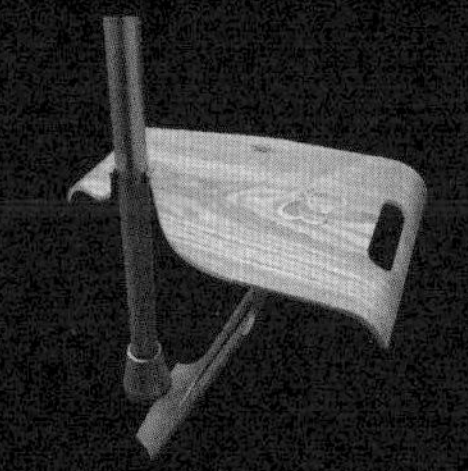

地铁清洁工爱心椅

王翊人、游东和
最佳制作奖

太虚

王沛璇
最佳制作奖

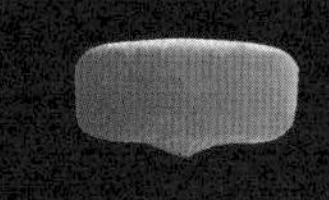

追忆

林芳璐、石丹彤
优秀奖

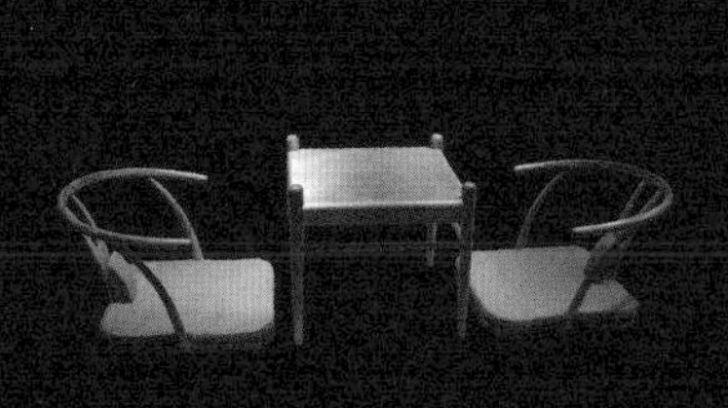

伴随

张可人、候旭南
优秀奖

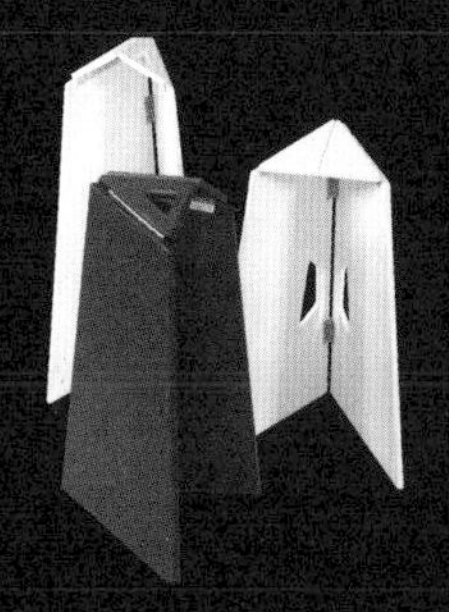

厨房椅

沈源远
优秀奖

搓衣凳

陈杰
优秀奖

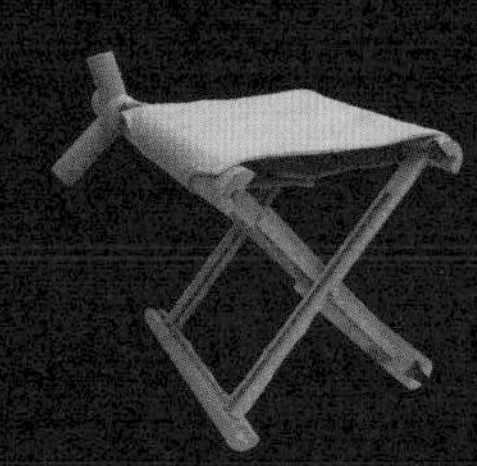

行走的马扎

魏涛
优秀奖

“为坐而设计”国际评审名录

江黎（中国）

历届策展人：

担任第 1、2、3、4、5、6 届评委

1959 年生于南京，中央美术学院设计学院第 9 工作室教授、中国家具协会设计工作委员会副主任、中国工艺美术学会会员、中国雕塑家学会会员。1982 年毕业于中央工艺美术学院装饰雕塑专业，1989 年留学日本京都市立艺术大学研究生院研修木工、漆艺，1994 年获日本奈良教育大学美术教育学硕士学位，1998 年赴法国国际艺术城访问学者。作品多次参加国际国内艺术和设计大展，并被多家艺术馆、博物馆收藏。

喜多俊之（日本）

国际著名设计大师：

担任第 1、2 届评委主席，第 4 届评委

1942 年生于大阪，工业产品设计师。中央美术学院客座教授，上海理工大学客座教授，大阪艺术大学教授。1964 年毕业于浪速短期大学（现大阪艺术大学）工业设计专业。1969 年开始将创意领域从日本拓展到意大利。喜多俊之曾历任意大利、西班牙、日本国际设计大会的审查员、审查委员长等，并担任多处客座教授，在国外多次举办演讲会、招待展和个人展等。

Luigi Colani（德国）

国际著名设计师：

担任第 2 届评委主席

1928 年出生于德国柏林，1946 年，他就读于柏林美术学院。1949 至 1952 年，他就读于巴黎的索邦大学，学习空气动力学、雕塑和绘画。20 世纪 50 年代在美国加州负责新材料项目。他曾参与过美国航天飞机、宝马、奔驰、法拉利汽车以及上海崇明岛生态科技城等设计工作，是当今时代最著名的也是最具颠覆性的设计师，被国际设计界公认为“21 世纪的达・芬奇”。他设计了大量造型极为夸张的作品，被称为“设计怪杰”。

Volker Albus（德国）

德国卡尔斯鲁厄国立艺术设计学院院长：

担任第 1、2、6 届评委，第 4、5 届评委主席

1968 年—— 1976 年 在亚琛工大攻读建筑学，并成为自由建筑师。1984 年开始从事室内和家具设计。很快便成为了“新德国设计”的主角。1984 年—— 2001 年为自由撰稿人，其间参加多次重要展览并获大奖。1994 年任卡尔斯鲁厄国立设计学院 产品设计专业教授。现任卡尔斯鲁厄国立设计学院院长、教授。

Drew Plunkett（英国）

英国格拉斯哥美术学院教授：

担任第 1 届评委

1979 年 －1981 年就读于英国皇家艺术学院，1985 年 9 月 －2010 年 8 月英国格拉斯哥美术学院教授。2010 年起，作为自由作家撰写关于专业从业人员和学生的室内设计书籍。

谭平（中国）

中央美术学院教授：

担任第 1、2、3、4、5 届评委，第 6 届评委主席

1960 年生于河北承德。1984 年毕业于中央美术学院版画系，获文学学士，1989 年就读于柏林艺术大学自由绘画系，获艺术硕士学位，1994 年 3 月回国任教于中央美术学院版画系；2002-2003 年任中央美术学院设计学院院长 、教授。现任中央美术学院副院长、教授 。

黑川雅之（日本）

日本著名的建筑师、产品设计师：

担任第 6 届评委

1937 年生于名古屋市，世界著名建筑与工业设计师。1961 年毕业于名古屋工业大学建筑系，1967 年获得早稻田大学大学院理工学研究系建筑工学博士学位，1967 年成立黑川雅之建筑设计事务所，2001 年成立 DESIGNTOPE 公司。获得每日设计奖、德国 IF 奖、G 标志金奖等国际大奖。作品被纽约近代美术馆、纽约大都会美术馆、丹佛美术馆等多家美术馆收藏。

藤崎诚（日本）

日本京都市立艺术大学教授：

担任第 1 届评委

日本京都艺术大学名誉教授。1932 年生于中国大连市。1956 年毕业于京都市立美术大学工艺专业，1963 年成为该大学讲师，1963 年成为这个大学的讲师，1967 年到埃及的国立开罗美术大学留学，对欧洲的装饰工艺进行了为期两年的学校研究。1971 年成为京都市立艺术大学副教授，1984 年升为教授。1998 年退职，现为该校名誉教授。

林衍堂（中国）

香港理工大学教授：

担任第 5 届评委

香港理工大学设计学院副学院主任；英国特许设计学会资深会员；欧洲设计局会员；香港设计师协会会员。1998 年获英国伯明翰理工大学 (UCE) 设计学、哲学硕士。曾担任香港设计师协会荣誉秘书、香港艺术博物馆荣誉顾问、香港设计局董事、中国工业设计协会驻香港理事、香港设计促进局委员及多项国际知名设计竞赛的评委。

三田村有纯（日本）

日本东京艺术大学教授：

担任第 5、6 届评委

1949 年生于东京，日本东京艺术大学、教授、博士生导师；日本东京艺术大学副校长；中央美术学院客座教授；日展评议员；现代工艺美术家协会评议员。

石振宇（中国）

清华大学美术学院教授：

担任第 1、2、3、4、5、6 届评委

出生于 1946 年，清华大学美术学院工业设计系副教授；中国工业设计协会理事。曾为国内许多著名企业研发设计新产品。作品荣获美国、英国、德国、法国和俄罗斯等国家的多项产品奖，有七项设计产品荣获中国创新设计红星奖，其中两项为金奖。作品唱机专用唱臂一项填补了国内空白，作品水滴系列黑胶唱机以“原创的荣耀”荣登世界前二十款黑胶唱机第五名。

柳冠中（中国）

清华大学美术学院教授：
担任第 1、2、4、6 届评委

生于 1943 年，清华大学美术学院教授、博士生导师；中国工业设计协会副理事长兼学术和交流委员会主任；香港理工大学名誉教授；中国工业设计协会荣誉副会长、专家工作委员会主任；清华大学美术学院设计战略与原型创新研究所所长。1984 年筹建了国内第一个工业设计系，成为该学科国内学术带头人。

梁明（英国）

中央美术学院国际工作室客座教授：
担任第 3 届评委

英国设计师，现任中央美术学院工业设计访问教授。出生在香港，长在英国，早年就读英国皇家艺术学院和帝国理工。在英国皇家艺术学院和帝国理工学院等欧洲六所大学，以及清华大学、北京大学等学校多次发表演讲。参与诺基亚交互设计研究团队，并担任 SKT Korea 及 Akzo Nobel 等企业及机构的顾问。

Benjamin Hughe（英国）

英国中央圣马丁艺术与设计学院教授：
担任第 5、6 届评委

英国工业设计师、中央美术学院设计学院特聘教授及产品专业学术主任。2000 至 2001 年担任伦敦圣马丁设计学院工业系硕士课程总监及系主任。其作品曾获得包括 RSA,D+DA,Red Dot,IF 等奖项。他同时从事设计评论写作，为 Blue Print 建筑杂志、Cent、New Design、Phaidon Design Classics 系列、中国周末画报以及英国金融时报等撰写专栏。

Bernad Meyerspeer（德国）

德国凯泽斯劳滕应用技术大学教授：
担任第 3 届评委

1949 年生于德国卡尔斯鲁厄，德国凯泽斯劳滕大学建筑系系主任。1987 年获德国柏林工业大学及柏林艺术造型大学建筑系硕士学位，曾任德国博世、法国雪铁龙、美国 Elu 机械工厂的机械师，1993 年成立独立建筑师事务所。

张宝玮（中国）

中央美术学院教授：
担任第 1 届、3 届评委

1938 年生于江苏无锡。1962 年毕业于上海同济大学建筑学专业。先后在北京建筑科学研究院史论研究所、湖南建筑设计院、香港司徒惠建筑事务所、西班牙马德里米格尔・费萨克博士建筑事务所、西班牙阿里干特 URBAMED 规划设计公司工作。1993 年回国到中央美术学院创建设计系。现为中央美术学院建筑学院教授、博士生导师。

朱小杰（中国）

中国著名家具设计师：
担任第 3、5、6 届评委

1955 年生于中国温州，现是澳珀家具首席设计师、中国家具设计委员会副主任、上海家具设计委员会主任、温州家具学院院长、中央美术学院客座教授。1989 年留洋澳大利亚悉尼；1994 年创立澳珀家具设计工作室，从此走上了原创设计之路。其创作作品屡获国内外大奖。

邵帆（中国）

艺术家：

担任第 6 届评委

又名少番，1964 年生于北京，雕塑艺术家、家具设计师。自幼习画于父母，其作品被国内外许多重要收藏家和博物馆收藏：美国纽约大都会博物馆、日本富冈博物馆、英国维多利亚与阿尔伯特（V & A）博物馆、中国美术馆、成都现代艺术馆、何香凝美术馆、美国皮博底博物馆、美国纽约设计与艺术博物馆等。

石大宇（美国）

著名美籍华人设计师：

担任第 6 届评委

1964 年生于中国台湾台北，著名美籍华人产品设计师、“清庭”设计中心创办人暨创意总监。1989 年毕业于美国纽约时尚设计学院，于纽约求学、工作、创业共十三年；同年返回台湾成立“清庭”设计中心，2010 年于北京设立“清庭”设计中心及设计概念店。作品屡获国际设计类大奖，2009 至 2012 年连续四年有五件作品荣获红点设计大奖的记录。

栗本夏树（日本）

京都市立艺术大学教授：

担任第 2 届评委

1961 年生于大阪，1985 年毕业于京都市立艺术大学漆工艺专业，1987 年获得京都市立艺术大学漆工艺硕士学位。现为京都市立艺术大学教授。

山中晴夫（日本）

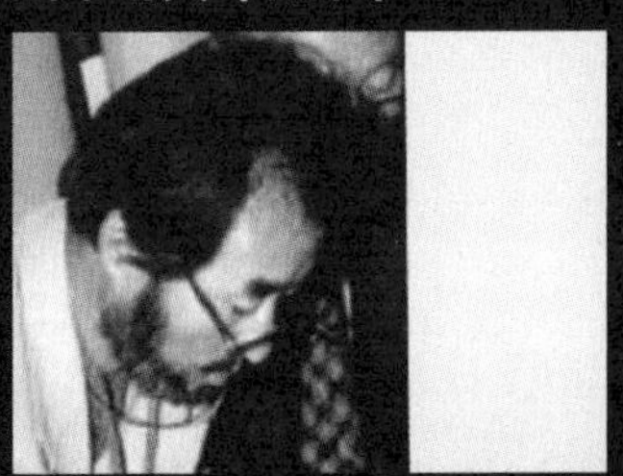

日本京都市立艺术大学教授：

担任第 1 届评委

1974 年日本京都市立艺术大学工艺科涂装专业毕业后，发表了众多作品，在朝日现代 craft 展，京都设计大奖，京都工艺双年展等展览及活动中获奖。1999 年至 2013 年在京都市立艺术大学执教。

Fabiziod de Leva（意大利）

建筑设计师：

担任第 1 届评委

法布里奥·德·莱瓦是一位米兰建筑设计师。他在开发执行房地产策略、为客户量身设计独特的个性空间，现在他在带领位于北京的国际设计团队。他曾在欧洲和亚洲的诸多建筑公司担任过设计总监，目前在北京运营自己的设计公司。作为公认的空间设计专家，他曾多次受邀发表演讲，并且部分作品已出版发行。

陈宝光（中国）

中国家具协会副理事长：

担任第 3、5 届评委

1981 年毕业于中央工艺美术学院。中国家具协会副理事长，兼中国家具协会传统家具专业委员会主任委员、实木家具专业委员会秘书长、设计工作委员会主任委员、科学技术工作委员会常务副主任秘书长，并兼《中国家具协会通讯》主编、《中国家具年鉴》主编、《中国家具》杂志主编、《家具与室内装饰》杂志编委会主任、《家具》杂志编委会副主任、《中国古典红木家具》杂志顾问等。

吴晞（中国）

北京清尚环艺建筑设计研究院院长：
担任第 5、6 届评委

出生于 1954 年，1982 年毕业于中央工艺美术学院，现任北京清尚建筑装饰工程有限公司董事长兼总经理；中国建筑装饰协会副会长；中国建筑装饰协会设计委员会常务副主任；中国工业设计协会常务理事；北京建筑装饰协会执行副会长；北京工业设计促进会副理事长。

方海（中国）

中国建筑与家具设计专家学者：
担任第 2、4 届评委

1963年生于中国辽宁，阿尔托大学设计学院（原赫尔辛基艺术设计大学）研究员、博士生导师。2005 年被芬兰建筑协会授予“文化成就奖”。曾被聘为北京大学，、同济大学、山东工艺美术学院、中南林业科技大学等国内多所大学兼职教授，现任广东工业大学艺术设计学院院长，教授，博士生导师，并兼任方 - 洪科宁设计事务所合伙人主持建筑师。

黄丽诗（中国）

红专厂文化艺术机构厂长总监：
担任第 5 届评委

1979 年生于广州，自 2002 年开始从事建筑与室内设计项目管理工作。2009 年创办中国南方最具代表性的艺术园区——广州红专厂艺术区，并出任艺术总监。2014 年创办红专厂当代艺术馆（RMCA）并出任艺术总监。

国际知名设计师邀请名录

沃克・阿尔布斯
Volker Albus

生于 1949 年，卡尔斯鲁厄国立设计学院副院长、教授。1968 至 1976 年在亚琛工大攻读建筑学，1984 年开始从事室内和家具设计，1984 至 2001 年为自由撰稿人。

马克・波奇，克劳迪奥・东迪利
Marco Pocci,Claudio Dondoli

1983 年马克・波奇 Marco Pocci 和克劳迪奥・东迪利 Claudio Dondoli 创立 Archirivolto 工作室，致力于工业设计和建筑开发。

阿尔伯特・梅达
Alberto Meda

1945 生于意大利米兰，家具设计师。1973 年为意大利家具品牌 Kartell 设计师，1979 年之后成为自由设计师与 Alfa Romeo Auto, Alias, Alessi, DANESE 合作。部分作品被 MOMA 永久收藏。

艾洛・阿尼奥
Eero Aarnio

1932 年生于芬兰，现代家具的缔造者之一。60 年代起尝试用塑料、鲜艳色彩和有机形态创作家具。作品享誉全球，被收藏于维多利亚阿尔伯特、MOMA 等世界知名博物馆，并获得许多工业设计奖项。

贝恩德・迈耶施贝尔
Bernd Meyerspeer

1949 年生于德国 Karlsruhe，德国凯泽斯劳滕大学建筑系系主任。1987 年获德国柏林工业大学及柏林艺术造型大学建筑系硕士学位，曾任德国博世、法国雪铁龙、美国 Elu 机械工厂的机械师，1993 年成立独立建筑师事务所。

包泡
Bao Pao

1940 年生于中国辽宁抚顺，雕塑艺术家。1961 年就读中央美术学院雕塑系，1980 年参加“星星美展”。

保罗・理查德
Paolo Rizzatto

1941 年生于意大利米兰，设计师。1965 年毕业于米兰理工大学，1978 年与 Riccardo Sarfatti 和 Sandra Severi 合作建立 Luceplan 公司，并和许多世界级设计公司合作，1981 至 2008 年，曾五次荣获金圆规奖。

崔鹏飞
Cui Pengfei

1971 年生于中国天津，现为中央美术学院建筑系副教授。1995 年于天津大学建筑学系，中央美术学院建筑学院设计艺术学博士。

崔华峰
Cui Huafeng

1960 年生于中国安徽，知名设计师。毕业于中央工艺美术学院，现任崔华峰空间设计顾问工作室创始人，兼任广州美术学院客座教授。

陈原川
Chen Yuanchuan

1992 年毕业于无锡轻工业学院工业设计系并留校任教，现任江南大学设计学院视觉传达系主任。

陈大瑞
Derek Chen

生于 1978 年，设计师。毕业于清华美术学院工业设计系，2009 年创建个人设计工作室，2010 年成立原创家具设计品牌 maxmarko。

陈向京
Chen Xiangjing

生于 1957 年，室内设计师，广州集美组室内设计工程有限公司设计总监。1982 年毕业于中央工艺美术学院，毕业后在广州美术学院任教，1989 年赴英国深造。

陈宝光
Chen Baoguang

1954 年生 ,1981 年毕业于中央工艺美术学院。现任中国家具协会副理事长，兼任中国家具协会设计工作委员会主任委员等职务。

戴爱国
Dai Aiguo

香港家具设计师，香港家私协会理事会理事、广东省家居业联合会理事会副会长、2011 年至今东莞市弘开实业有限公司总裁。

方海
Fang Hai

1963 年生于中国辽宁，阿尔托大学设计学院（原赫尔辛基艺术设计大学）博士、研究员。现任广东工业大学艺术设计学院院长、教授、博士生导师。

菲利浦・斯塔克
Philippe Starck

1949 年生于巴黎，世界著名设计大师。1968 年创立 Philippe Starck 公司。1988 年获法国国家设计大奖，1992 年获美国建筑师协会颁发荣誉奖，2001 年获金圆规大奖。

冯阳
Feng Yang

1975 年生于中国北京，1997 年毕业于中央美术学院，现任教于中央美术学院城市设计学院家居产品工作室。法国艺术家协会会员，国际传统工艺与现代设计促进会副秘书长。2006 年毕业于法国兰斯国立高等设计与艺术学院。

付爱臣
Fu Aichen

1966 年生，2005 年获中央美术学院硕士学位。中央美术学院设计学院副教授、中国美术家协会、版画家协会会员。

傅中望
Fu Zhongwang

1956 年生，1982 年毕业于中央工艺美术学院特种工艺系装饰雕塑专业。著名雕塑家，现任湖北美术馆馆长，曾任湖北省美术院雕塑创作研究室主任、湖北省美术院副院长。

高强
Gao Qiang

1972 年生于哈尔滨，职业设计师。毕业于清华大学美术学院，获艺术硕士学位。设计作品多次参加国内设计展。

高扬
Gao Yang

1974 年生，1996 年毕业于大连轻工学院，2006 年毕业于德国慕尼黑艺术学院。 中央美术学院城市设计学院家居产品系主任。

古奇
Gu Qi

2009 年从事室内设计，2010 年成立独立家具品牌“梵几”及“古奇高”任主设计师。

汉斯・韦伯
Hannes Weber

1968 年生于德国，设计师。毕业于德国慕尼黑 BA 工业设计专业。目前就职 IKEA Retail China。曾经就职 IKEA Retail U.K.。

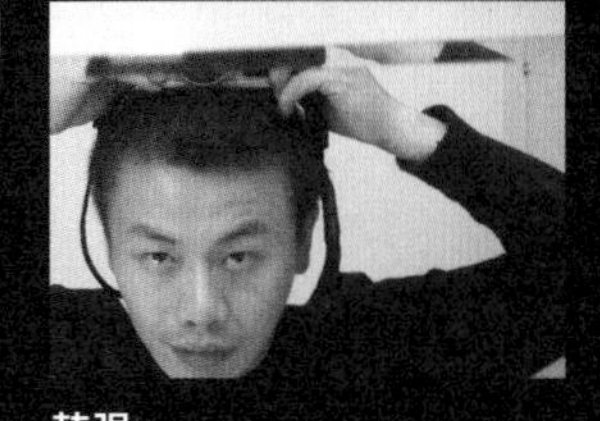

韩强
Han Qiang

1979 年生，设计师。2003 年成立 3402 设计工作室。

黑川雅之
Masayuki Kurokawa

1937 年生于日本名古屋，世界著名建筑与工业设计大师。1961 年名古屋工业大学建筑系毕业，1967 年早稻田大学建筑工学博士课程毕业，1967 年成立黑川雅之建筑设计事务所，2001 年成立 DESIGNTOPE 公司。

亨利・凡・斯特鲁伊
Henny van Nistelrooy

1979 年生于荷兰，设计师及策展人。2007 年获英国皇家艺术学院产品设计专业硕士学位。IFC 中央美术学院项目的辅老师，ACF 设计师。曾经工作于英国 Tord Boontje 工作室。

侯正光
Hou Zhengguang

1972 年生于中国西安，1994 年获吉林大学汽车设计及企业管理双学士学位。2003 年获英国白金汗郡大学家具设计与工艺硕士学位，上海木码设计机构创办人，[多少 MoreLess] 设计师品牌发起人，中国家具协会设计工作委员会副秘书长。

黄旭
Huang Xu

1968 年生于中国北京，自由艺术家、中国艺术项目的代理艺术家。1989 年成立了最底层艺术工作室，1991 年成立候鸟工作室，2003 年成立大盆地艺术工作室。

黄建辉
Huang Jianhui

1990 年毕业于广州美术学院设计系，广州列奇家具有限公司董事长和首席设计师。1994 年开办列奇设计公司并从事室内设计工作，2000 年开办深圳列奇家具设计公司。

胡本立
Ben Hughes

英国工业设计师、中央美术学院设计学院特聘教授及产品专业学术主任。2000 至 2001 年担任伦敦圣马丁设计学院工业设计系硕士课程总监及系主任，同时从事设计评论写作。其作品曾获得包括 RSA, D+AD, Red Dot, IF 等奖项。

杰夫・米勒
Jeff miller

1968 年生于纽约，美国工业设计师。1990 年毕业于宾夕法尼亚州匹兹堡的卡内基梅隆大学的工业设计系，毕业后加入纽约创意咨询企业 Ecco 设计室为多家全球著名品牌进行产品开发，2002 年成立 Jeff Miller 设计工作室。

让・努维尔
Jean Nouve

1945 年生于法国福梅尔市，法国当代著名建筑设计师。1972 年毕业于巴黎国家美术学院，1970 年成立建筑事务所。1993 年和 1995 年为 AIA(美国建筑师协会) 和 RIBA(英国皇家建筑师协会) 的荣誉会员，1997 年被授予法国艺术与文学勋章。

吉冈德仁
Tokujin Yoshioka

1967 年生于日本佐贺县，世界著名设计师。毕业于桑泽设计学校，曾就职于设计大师仓俣史郎与三宅一生的事务所，2000 年成立吉冈德仁工作室。其作品收藏于纽约 MOMA、蓬皮杜、巴黎奥赛等世界知名博物馆。

江黎
Jiang Li

1959 年生，中央美术学院教授。1982 年毕业于中央工艺美术学院装饰雕塑专业，1989 年留学日本，1994 年获日本奈良教育大学美术教育学硕士学位，1998 年赴法国国际艺术城访问学者。“为坐而设计”大奖赛策展人。

路易吉・克拉尼
Luigi Colani

1928 年生于德国柏林，世界著名设计大师。1946 年就读于柏林美术学院，1949 至 1952 年就读于巴黎的索邦大学。克拉尼极富想象力的创作手法设计了大量设计作品，被国际设计界公认为 "21 世纪的达・芬奇 "。

康士坦丁．葛切奇
Konstantin Grcic

1965 年生于德国慕尼黑，德国著名工业设计师。曾在英国帕纳姆学院接受家具木工师的专业训练，1988 至 1990 年在英国皇家艺术学院研读工业设计，毕业后回到慕尼黑成立设计公司 KGID。

L・西奥萨波拉塔

1977 年生于印度尼西亚雅加达，产品设计师。2002 年毕业于美国加州帕萨迪那市设计艺术学院产品设计专业，出于对家具的喜爱使他设计出名为 Accupunto 的按摩椅系列。

连芝银，王珂
Lian Zhiyin,Wang Ke

室内设计师、产品设计师。两位同毕业于法国巴黎 ESAG Penninghen 高等室内建筑及广告设计艺术学院，2005 年创办意地筑作室内建筑设计事务所及大然设计品牌。

林蜜
Melia Lin

2002 年毕业于青岛理工大学建筑系，2005 年毕业于瑞典哥德堡大学 HDK 艺术设计学院获 MFA 艺术硕士学位，曾任教于中央美术学院城市设计学院，现任北京工业大学艺术设计学院工业系教师。

林学明
Lin Xueming

1954 年出生于中国广东四会，1982 年毕业于中央工艺美术学院，1987 年自费赴美留学，1988 年移居加拿大温哥华。现为集美组总裁、设计总监，中央美术学院城市设计学院客座教授，广州美术学院设计学院客座教授。

李通
Li Tong

1969 年生于中国天津，1993 年毕业于天津美术学院工业设计系。现任天津美术学院设计艺术学院副教授、中国工业设计协会会员。

李鼐含
Li Naihan

1981 年生于中国哈尔滨市，设计师。毕业于伦敦大学 Bartlett 建筑学院，2006 年作为合伙人建立了 BAO Atelier 工作室主持艺术展览和书籍设计工作，2010 年她开设了自己的设计工作室。

李清贤
Li Qingxian

1945 年生于中国河北邢台，自由设计师、国学者。1969 年毕业于河北艺术师范学院，曾修学于南开大学、北京大学，曾任职于天津文化局、天津博物馆，2008 至今执着于宋韵家具。

李习斌，姚冶
Li Xibin,Yao Ye

二人均 1984 年生，自由设计师，2007 年毕业于中央美术学院。2008 年共同创立“山林设计”工作室，2014 年创立“治音师”品牌。

李永玲
Li Yongling

1976 年生，独立设计师、策展人。2000 年毕业于中央美术学院，中央美术学院设计学院课程讲师。作品多次参加国内外设计展。

吕永中
Lv Yongzhong

1968 年生于中国四川，1990 年毕业于同济大学建筑与城市规划学院并留校任教，2006 年创立半木家具品牌，任设计总监。

刘玲
Liu Ling

1980 年生，现任教于北京印刷学院产品设计专业。2006 年毕业于中央美术学院设计学院产品设计专业，获硕士学位。

刘小康
Liu Xiaokang

1958 年生于中国香港。毕业于香港理工学院，1982 年任新思域设计制作事务所设计师，1985 年出任主任设计师，1996 年与靳埭强联合成立“靳与刘设计顾问”事务所。

刘振祥
Liu Zhenxiang

1954 年出生中国北京，现为自由艺术家，擅长传统金工和景泰蓝工艺，近年来完成多项国家级工艺美术、壁画工程项目。

刘峰
Liu Feng

1978 年生，中国家居设计品牌联盟 (CFDBA) 的发起人之一。毕业于清华大学美术学院雕塑系，2004 年创立风生设计顾问机构。

刘传凯
Liu Chuankai

生于中国台湾，国际知名华人设计师。本科机械毕业，后赴美国最著名工业设计学府 ArtCenter 留学，曾在 San Francisco 的 Astero Design 公司、Motorola 设计部工作。

刘铁军
Liu Tiejun

1968 年生，1991 年毕业于中央工艺美术学院环境艺术系，现任清华大学美术学院副教授。

刘立宇
Liu Liyu

1976 年生，1999 年毕业于中央工艺美术学院装饰艺术系，2003 年获英国胡佛汉顿大学艺术与设计学院硕士学位，2010 年获中国艺术研究院美术学博士学位。现任教于清华大学美术学院玻璃艺术工作室。

毛里求斯・格朗德
Maurizio Galante

1963 年生于意大利拉齐奥地区。1984 年毕业于罗马时装学院，1987 年在米兰当代艺术展上推出了 "Maurizio Galante circolare X"，1990 年开始经营高级女式时装，1997 年建立 Maurizio Galante 品牌。

马塞尔・万德斯
Marcel Wanders

1963 年生于荷兰。1996 年为 Droog Design 设计作品 "Knotted Chair"，2000 年创立家居品牌 Moooi，同时从事建筑设计和室内设计。作品曾在纽约 MOMA、Droog 等设计大展展出。

马克・纽森
Marc Newson

1963 年生于悉尼。1982 年就读于悉尼艺术学院珠宝设计以及雕塑专业。“柔和极简主义”的倡导者，从事室内、家具、工业产品等设计。

马尔科・扎努索
Marco Zanuso

1916 年生于米兰。1939 年毕业于米兰理工大学建筑系，1945 年在米兰开办自己的设计事务所，1956 年参与创建意大利工业设计协会任该协会主席，曾担任米兰市参议员、城市规划委员会委员。

莫娇
Mo Jiao

1978 年出生于中国上海。2001 年毕业于同济大学工业设计系，2005 年获巴黎高等装饰艺术学院家具设计专业硕士学位。现任同济大学设计创意学院工业设计系讲师。

帕奇希娅・奥奇拉
Patricia Urquiola

西班牙设计师。1989 年毕业于马德里理工大学建筑系，曾任米兰理工大学和巴黎国立高等工业设计学院助教，现任意大利时尚设计学院 (Domus Academy) 讲师。

潘杰
Pan Jie

1963 年生于杭州，“观唐”景致家居首席设计师。

仇宏洲
Qiu Hongzhou

1967 年生，独立设计师。1990 年毕业于山东工艺美术学院工业设计专业，2008 年获中央美术学院设计学院艺术硕士学位。曾任山东工艺美术学院应用设计学院教师。

龙・阿德
Ron Arad

1951 年生于以色列，家具设计师，伦敦皇家艺术学院的产品设计教授。早年就读于耶路撒冷美术学院，1973 年毕业于伦敦建筑学院，1994 年成立“阿拉德工作室”，曾任伦敦皇家艺术学院产品设计系主任。

萨日娜
Sa Rina

1979 年出生于中国内蒙古，中央美术学院城市设计学院讲师。2004 毕业于中央美术学院设计学院获学士学位，2010 毕业于中央美术学院 获硕士学位，作品多次参加国内外设计展。

孙焱飞
Sun Yanfei

1974 年生，中央美术学院城市设计学院讲师。2007 年获德国萨尔河造形艺术学院硕士学位，多次参加国内外设计类大展。

宋涛
Song Tao

1969 年生于中国上海，策展人、设计师。1986 年毕业于中央工艺美术学院，1993 年获法国巴黎第一大学造型艺术硕士学位，1995 年成立宋涛设计工作室，2002 年开办了自己的品牌专卖店“自造社”。

邵帆
Shao Fan

1964 年生于中国北京，艺术家、家具设计师。曾任北京工艺美术研究所设计师，2005 年作品《2004 作品 1 号》、《1995 作品 24 号》被英国 W&A 博物馆永久收藏。

沈宝红
Shen Baohong

1989 年毕业于山东青岛工艺美术学校，2008 年创立 U+ 家具品牌任 U+ 设计机构董事长、艺术总监。中国家具设计委员会委员，深圳工业设计协会副会长。

师建民
Shi Jianmin

1962 年生于中国西安，独立艺术家。1982 年毕业于西安美术学校，1986 年毕业于中央工艺美术学院。作品屡获国内外艺术类大奖，多次受邀在国内外美术馆展出，部分作品被收藏。

石振宇
Shi Zhenyu

1946 年生，中国著名设计师，中国工业设计协会理事，清华大学美术学院工业设计系副教授。作品荣获多项国际、国内产品设计奖。

石大宇
Shi Dayu

1964 年生于中国台北，美籍华人设计师、“清庭”设计中心创办人兼创意总监。1989 年毕业于美国纽约时尚设计学院，作品屡获国际设计类大奖。

汤姆 . 鲁兹
Tom Loeser

早年获哈佛大学学士学位，后获得波斯顿大学“手工艺”专业的美术学学士，硕士毕业于麻省北达特茅斯大学。现任美国威斯康星大学艺术系系主任、麦迪逊学院“木材家具学”研究院院长。

田家青 Tian Jiaqing

1953 年生于中国北京，中国古典家具领域内著名的学者、专家，文物大家王世襄先生唯一的入室弟子。著有《清代家具》一书。

unmask

刘展 1976 出生于中国河南洛阳、匡峻 1978 出生于中国江西萍乡、谭天帏 1976 出生于中国湖南常德。2002 年均，毕业于中央美术学院雕塑系，共同组建 unmask 艺术创作小组。

王杨 Wang Yang

毕业于中国美术学院国画系。松果设计设计总监，中德设计教育中心艺术总监。2000 年任德国瀚德文化有限公司总经理，2006 年创立上海松果设计，2007 年创立设计师品牌“YAANG”。

王润林 Wang Runlin

1960 年生于中国广东，现任广东联邦家私集团有限公司总裁、总设计师，中国家具协会设计工作委员会副主任。2006 年荣获“中国家具设计杰出贡献奖”荣誉。

王豪 Wang Hao

1976 年生，北京原创设计推广协会理事，国家注册室内建筑师。2000 年获中央美术学院学士学位，2003 年中央美术学院建筑学院硕士，2011 年中央美术学院建筑与城市文化研究博士。

王善祥 Wang Shanxiang

1972 年生，室内设计师。1996 年毕业于上海华东师范大学艺术系中国画专业，2003 年创立上海善祥建筑设计有限公司。

王卓然 Wang Zhuoran

清华大学美术学院硕士，现任上海师范大学美术学院工业设计专业主任，兼任上海工业设计协会青年设计师委员会秘书长。

王辉 Wang Hui

职业艺术家。先后就读于中国美术学院雕塑系、公共艺术学院，分别获得雕塑专业学士学位和综合媒体景观雕塑硕士学位，曾研修于法国巴黎高等装饰艺术学院艺术与空间专业。

沃纳・艾斯林格 Werner Aisslinger

1964 年生于德国，家具设计师。柏林艺术大学毕业，1993 年建立个人设计工作室。曾任卡尔斯鲁厄国立设计学院产品设计系教授。2006 年任 Design

韦政 Wei Zheng

香港设计师，任教于中央美术学院产品设计专业。早年毕业于香港理工大学设计学院产品设计学士，后毕业于澳洲西澳洲大学教育硕士。拥有自己的品

吴永平 Wu Yongping

1967 年生于中国浙江，现任中央美术学院设计学院教授，中国美术家协会会员，中国雕塑学会会员。作品被国内外多家博物馆、美术馆收藏。

吴卓阳 Wu Zhuoyang

1983 年生，现任教于中央美术学院城市设计学院。分别于 2006 年、2009 年取得中央美术学院学士、硕士学位，作品多次参加国内外设计展。

喜多俊之
Toshiyuki Kita

1942年生于日本大阪，国际著名设计大师，大阪艺术大学教授。1969年于意大利开始个人设计事务，作品屡获国际设计类大奖，被纽约MOMA、巴黎蓬皮杜等博物馆收藏。

肖天宇
Xiao Tianyu

1987年生，2010年毕业于中央美术学院设计学院，现为独立设计师。其设计作品多次参加国内国际设计大展，并屡获设计类奖项。

徐明，文吉·玛丽埃塔
Xu Ming,Virginie Moriette

徐明：室内设计师，毕业于法国巴黎Penninghen(E.S.A.G.)高等设计学院。文吉·玛丽埃塔 Virginie Moriette(法国)：法国注册建筑师，毕业于巴黎拉维莱特建筑学校。2005年共同建立明合文吉设计之家。

徐泽鹏
Xu Zepeng

出生于1979年，家具设计师，任教于中央美术学院城市设计学院。2006年毕业于中央美术学院，2012年组建“知.行”家居工作室。设计作品多次参加国内设计大展。

亚历山德罗·门迪尼
Alessandro Mendini

1931年生于意大利米兰，著名设计师、建筑家、设计批评家，被誉为“意大利后现代主义设计之父”。

费迪南德·亚历山大·保时捷
Ferdinand Alexander Porsche

1935年生于德国斯图加特。保时捷911车型的设计者，还涉及诸多生活或时尚产品领域。

仰民
Yang Min

1980年生于中国内蒙古，任教于广州美术学院实验艺术系。曾就读于中央美术学院附中，2004年毕业于广州美术学院设计学院建筑与环境艺术系。屡获国内艺术设计类大奖。

杨帆
Yang Fan

出生于1971年。1994年毕业于中央工艺美院环境艺术系；屡获国内外设计类大奖，作品曾在国内多所美术馆展出。

叶宇轩
Ye Yuxuan

北京耶爱第尔设计公司创始人、创意总监。曾任职4A国际广告公司（奥美，智威汤逊，韩国三星等）创意总监。多次受邀参加国际国内设计大展，作品被今日美术馆永久收藏。

约里奥·库卡波罗
YRJO KUKKAPURO

1933年生于维堡，国际著名设计大师。曾任芬兰赫尔辛基艺术设计大学(UIAH)教授、校长，曾荣获教授艺术家称号（北欧最高学术称号）。自1963年，作品屡获国际设计类大奖，被授予多项荣誉称号。

于历战
Yu Lizhan

1969年生。清华大学美术学院环境艺术系副教授，中国建筑师学会室内设计分会会员，中国室内装饰协会会员，中国工艺美术学会明式家具协会会员。

袁媛
Yuan Yuan

1980年生，曲美家具集团股份有限公司设计总监，2003年毕业于广州美术学院工业设计系，2006年获法国圣艾蒂安高等艺术与设计学院硕士学位，设计作品多次参加国际设计大展并获奖。

曾芷君
Zeng Zhijun

曾就读于广州美术学院工艺系陶瓷美术专业、华南理工大学建筑设计研究院建筑学专业。现任广州美术学院设计学院副教授、中国陈设艺术专业委员会华南区委员会副会长。

赵斌
Zhao Bin

1968 年生，中央美术学院副教授。1991 年毕业于鲁迅美术学院，1999 年、2005 年分别获日本京都艺术大学美术工艺专业硕士学位、产业设计专业博士学位。作品多次参加国内外艺术设计展。

张兆宏
Zhang Zhaohong

1969 年生于中国北京，职业雕塑家。1988 年毕业于北京工艺美术学校，1998 年毕业于中央美术学院雕塑系，2005 年任中央美术学院雕塑系讲师。

张剑
Zhang Jian

1972 年生于中国陕西兴平。1995 毕业于无锡轻工业学院造型系本科，2006 获苏州大学艺术设计学院硕士学位。现任广州美术学院工业设计学院生活设计工作室主任、副教授、硕士生导师。

张周捷
Zhang Zhoujie

1984 年生于中国浙江宁波 ，毕业于英国中央圣马丁艺术与设计学院。2010 年在上海创办了自己的数字设计实验室，作品多次参加欧洲设计展会，获得各类大奖。

章俊杰
Zhang Junjie

2008 年获中国美术学院硕士学位，工业设计师、中国美术学院教师、品物流形设计公司外部设计合伙人。

克里斯托夫・约翰
乔瓦娜・达诺维奇
张雷（左，中，右）

ChristophJohn,
Jovana Bogdanovic,
Zhang Lei
（Left,Middle,Right）

克里斯托夫・约翰 Christoph John（德国）：设计师，毕业于意大利 Domus 设计学院汽车设计专业，曾工作于意大利、德国和芬兰。乔瓦娜・达诺维奇 Jovana Bogdanovic：出生在贝尔格莱德，设计师，毕业于 Belgrade University 应用艺术学院。张雷“品物流形”设计品牌主创人，设计师，毕业于意大利 Domus 设计学院汽车设计专业。三人驻扎余杭 9 年时间，旨在投身于中国传统文化延续设计。

章晴方
Zhang Qingfang

1972 年出生于中国浙江安吉，1998 年毕业于中国美术学院环境艺术系，现任上海师范大学美术学院副教授。屡获国内外景观雕塑类大奖，作品曾在国内外美术馆展出，部分作品被收藏。

郑韬凯
Zheng Taokai

1975 年生于中国广东饶平，中央美术学院城市设计学院家居设计工作室导师。1997 年毕业于华南建筑学院，2001 年获中央美术学院设计系获硕士学位，2009 年获中央美术学院建筑学院博士学位。

钟　声
Zhong Sheng

1971 年生于中国辽宁鞍山，1995 年毕业于中央工艺美术学院，2002 年获韩国培材大学国际通商大学院漆艺专业硕士学位。现任北京工业大学艺术设计学院装饰艺术系教授、系主任，中国工艺美术学会漆艺专业委员常务理事。

朱小杰
Zhu Xiaojie

1955 年生于中国浙江温州，1989 年留学澳大利亚悉尼，1994 年创立澳珀家具公司，任 CEO、总设计师。中国家具设计委员会副主任、上海家具设计委员会主任、温州家具学院院长。

作为一位耕耘者，纵然有一身本事，如果没有土壤、种子、阳光、水、肥料……也是徒然的。

回想“为坐而设计”十几年走过来的每一段旅程，无不感叹在这条路上，走得虽艰难，但坚定，是因为身边有志同道合的同仁、同事、朋友、学子们的鼓励、扶持、帮助，有他们辛勤悉心的播种、浇灌、培土、施肥……十几年间，眼看着它在成长，健康地长成了一棵大树，每一季都能开花结果，看着收获的硕硕果实，又遍布到全国各地，继续着它的繁衍……真心感恩！

将“为坐而设计”赛事前6届整理出书，在即将举办第7届之际，呈上这本“回归原点——为坐而设计”书，以示还愿，给众多参与这项活动的人们一个真诚的交代，希望这棵大树继续在中国这块土壤上开花结果。